"笨办法"学 Python 3

Learn PYTHON 3 the HARD WAY

A Very Simple Introduction to the Terrifyingly Beautiful World of Computers and Code

[美] 泽德 A. 肖（Zed A. Shaw） 著

王巍巍 译

U0381789

人民邮电出版社

北京

图书在版编目（CIP）数据

"笨办法"学Python 3 /（美）泽德·A. 肖
(Zed A. Shaw) 著；王巍巍译. -- 2版. -- 北京 : 人
民邮电出版社，2018.6
书名原文：Learn Python 3 the Hard Way: A Very
Simple Introduction to the Terrifyingly Beautiful
World of Computers and Code
ISBN 978-7-115-47881-8

Ⅰ.①笨… Ⅱ.①泽…②王… Ⅲ.①软件工具－程
序设计 Ⅳ.①TP311.56

中国版本图书馆CIP数据核字(2018)第059179号

内 容 提 要

本书是一本 Python 入门书，适合对计算机了解不多，没有学过编程，但对编程感兴趣的读者学习使用。这本书以习题的方式引导读者一步一步学习编程，从简单的打印一直讲到完整项目的实现，让初学者从基础的编程技术入手，最终体验到软件开发的基本过程。本书是基于 Python 3.6 版本编写的。

本书结构非常简单，除"准备工作"之外，还包括 52 个习题，其中 26 个覆盖了输入/输出、变量和函数 3 个主题，另外 26 个覆盖了一些比较高级的话题，如条件判断、循环、类和对象、代码测试及项目的实现等。每一章的格式基本相同，以代码习题开始，按照说明编写代码，运行并检查结果，然后再做附加练习。

◆ 著   [美] 泽德 A. 肖（Zed A. Shaw）

译   王巍巍

责任编辑   杨海玲

责任印制   焦志炜

◆ 人民邮电出版社出版发行   北京市丰台区成寿寺路 11 号

邮编 100164   电子邮件 315@ptpress.com.cn

网址 http://www.ptpress.com.cn

固安县铭成印刷有限公司印刷

◆ 开本：800×1000 1/16

印张：17.25   2018 年 6 月第 2 版

字数：382 千字   2025 年 3 月河北第 28 次印刷

著作权合同登记号   图字：01-2017-5601 号

定价：59.00 元

读者服务热线：(010)81055410 印装质量热线：(010)81055316
反盗版热线：(010)81055315

版权声明

译者序

我是从 2010 年关注 Zed Shaw 编写的这本 Python 入门书的。当时尽管 Python 3 问世已经有些年头，但由于性能和兼容性等一系列问题，使用一直不太广泛。这些年，Python 3 自身得到了很大的改进，应用也逐渐变得广泛，而且根据 PEP 373 的说明，2020 年后，Python 2 就不会再发布更新，Python 3 取代 Python 2 可以说是指日可待。所以，如果你还在学习或者使用 Python 2，现在是时候转成 Python 3 了。

如果你刚刚接触编程，这本书可以说是你入门编程最有趣的选择。在众多编程入门书中，这本书的教学方法可以说是特立独行，这本书真正重要的是，它会通过练习和实践，让你形成良好的程序员素养。入门书强调这一点的可以说少之又少。本书的相关特点作者在前言中已经做了详细说明，你看下一页就会知道了。

随书的视频也很有趣。也许你会觉得编程是一门很高深的手艺，程序员个个脑袋灵光得很。但是在视频里，你会看到作者被一些简单的错误卡住，半天才找出头绪，其实这才是程序员的日常状态。

总之，现在编程很火，编程语言中 Python 很流行，Python 入门书中这本很有趣。怎么样，试试？

致谢

在翻译这本书前几版的过程中收到过大量热心网友的问题反馈和改进建议。人民邮电出版社勤劳而又专业的编辑们审稿和校对让这本书的文字更加专业。在此一并致谢。

译者简介

王巍巍是一名受软件和编程的吸引，中途转行上岗的软件从业人员。写代码和翻译是他的两大爱好，此外他还喜欢在网上撰写和翻译一些不着边际的话题和文章。如果读者对书中的内容有疑问，或者发现了书中的错误，再或者只是想随便聊聊，请通过电子邮件（wangweiwei@outlook.com）与他联系。

前言

这本书的目的是让你起步编程。虽然书名说是用"Hard Way"（笨办法）学习写程序，但其实并非如此。所谓的"笨办法"指的是本书的教学方式，也就是所谓的"指令式"教学。在这个过程中，我会让你完成一系列习题，而你则通过反复练习来学到技能，这些习题也是专为反复练习而设计的。对于一无所知的初学者来说，在能理解更复杂的话题之前，这种教授方式效果是很好的。你可以在各种场合看到这种教授方式，从武术到音乐不一而足，甚至在学习基本的算术和阅读技能时也会看到这种教学方式。

本书通过练习和记忆的方式，指导你逐渐掌握使用 Python 编程的技能，然后由浅入深，让你将这些技能应用到各种问题上。读完本书之后，你将有能力接触学习复杂的编程主题所需的工具。我喜欢告诉别人：我的这本书能给你一个"编程黑带"。意思就是说，你已经打好了基础，可以真正开始学习编程了。

如果你肯努力，并投入一些时间，掌握了这些技能，你将学会如何编写代码。

针对 Python 3 的改进

本书使用了 Python 3.6。我用 Python 的这个版本是因为它包含了一个新的改进版的字符串格式化系统，这个系统比之前的更为易用。初学者接触 Python 3.6 可能会遇到一些问题，但我在书里会帮你克服。Python 3.6 的一个特别令人头疼的问题是，在一些关键位置的出错消息都很糟糕，不过这些我都会帮你弄懂的。

我还根据自己过去 5 年的教学经验，改进了视频教程。以前的视频中，你只是看我做习题，在新版视频里，你还可以看到我如何破坏每个习题中的程序，以及如何修复它们。这种技术称为"调试"（debugging）。从中你可以学到如何解决问题，也能对 Python 运行你创建的程序的原理有一个概念，从而提高你解决问题的能力。你还会学到很多有用的调试技巧。

最后要讲的是，Python 3 版本完全支持 Windows 10。过去的版本偏重于 Unix 风格的操作系统，如 macOS 和 Linux，Windows 只是顺便讲讲。在我写这本书的时候，微软公司已经开始认真对待开源工具和开发者了，而且 Windows 也是一个严肃的 Python 开发平台。在视频中，很多场合下我用 Windows 进行了演示，为了完全兼容，我也演示了 macOS 和 Linux。我讲了每个平台都会遇到的一些坑，演示了安装过程，还提供了不少别的小窍门。

笨办法更简单

在本书的帮助下，你将通过完成下面这些非常简单的事情来学会一门编程语言，这也是每个程序员的必经之路。

1. 从头到尾完成每一个习题。
2. 一字不差地录入每一段程序。
3. 让程序运行起来。

就是这样了。刚开始这对你来说会非常难，但你需要坚持下去。如果你通读本书，每晚花一两个小时做习题，你可以为自己读下一本编程书打下良好的基础。这本书可能无法让你一夜之间成为一名程序员，但它将会让你踏上学习编程方法的道路。

本书的目的是教会你编程新手需要了解的 3 种重要的技能：读和写、注重细节以及发现不同。

读和写

很显然，如果你连打字都成问题的话，那你学习编程也会有问题。尤其是，如果你连程序源代码中的那些奇怪字符都敲不出来的话，就更别提编程了。如果没有这些基本技能，你连最基本的软件工作原理都难以学会。

手动录入代码样例并让它们运行起来的过程，会让你学会各种符号的名称，熟悉它们的录入，最终读懂编程语言。

注重细节

区分好程序员和差程序员的最重要的一个方面就是对细节的重视程度。事实上，这是任何行业区分好坏的标准。如果缺乏对工作中每一个微小细节的注意，你的工作成果将不可避免地出现各种关键缺陷。从编程这一行来讲，你得到的结果将会是毛病多多而且难以使用的软件。

通读本书并一字不差地录入书中的每个例子，会训练你在做某件事时把精力集中到自己正在做的事情的细节上。

发现不同

大多数程序员长年累月地工作会培养出一种重要的技能，那就是观察事物间不同点的能力。有经验的程序员拿着两段仅有细微不同的代码，可以立即指出里边的不同点来。程序员甚至发明工具来让这件事更加容易，不过我们不会用这些工具。你要先用笨办法训练自己，然后再使用这些工具。

在做这些习题并且录入每段代码的时候，你一定会犯错，这是不可避免的，即使有经验的程序员也会偶尔出错。你的任务是把自己写的东西和正确答案对比，把所有的不同点都修正过来。这样的过程可以让你对程序里的错误、bug 以及其他问题更加敏感。

少瞅多问

只要是写代码，就会写出"bug"（虫子）来。"bug"是你写的代码中的缺陷、错误或者问题。据说早年有一次有人的计算机工作异常，检查后发现是一只蛾子飞到计算机里导致的，于是后来人们就把计算机的问题称为 bug 了。要修复计算机的问题，就需要对它进行"除虫"，这也是调试（debug）一词的来历。在软件的世界里，bug 简直不计其数，真的是太多了。

和那只蛾子一样，你的 bug 会藏在代码中，而你需要把它们找出来。别以为盯着屏幕上的代码看，"虫子"就会自己爬出来了，你需要更多信息才能找到它们，你需要站起来，挽起袖子找"虫子"。

要找"虫子"，你需要拷问你的代码，问它究竟发生了什么，或者你需要站在不同的角度去看代码。在本书里我多次提到"少瞅多问"，我演示了如何让代码"坦白交代"自己干了什么，如何把拷问的结果变成解决问题的方案。我还演示了各种不同的理解代码的方式，从而让你获得更多信息和洞察力。

不要复制粘贴

你必须手动将每个习题录进去，复制粘贴会让这些习题变得毫无意义。这些习题的目的是训练你的双手和大脑思维，让你有能力读代码、写代码和观察代码。如果你复制粘贴的话，就是在欺骗自己，而且这些习题的效果也会大打折扣。

使用视频教程

本书附带的视频解释了代码的工作原理，以及（更重要的）破坏代码的方法。视频中我会故意破坏代码，再展示修复代码的方法，通过这样的方式，我演示了很多常见错误。我还使用了调试和拷问的手段讲解代码。视频里演示了"少瞅多问"的思路。

关于坚持练习的一点提示

你通过本书学习编程时，我正在学习弹吉他。我每天至少训练 2 小时，至少花 1 小时练习音阶、和弦、琶音，剩下的时间用来学习音乐理论和乐曲演奏、训练听力等。有时我一天会花 8 小时来学习吉他和音乐，因为我觉得这是一件有趣的事情。对我来说，要学习一样东西，最自然、最根本的方法就是反复地练习。我知道，要学好一种技能，每日的练习是必不可少的，就算哪天的练习没啥进展（对我来说是常事），或者说学习内容实在太难，你也不必介意。只要坚持尝试，总有一天困难会变得容易，枯燥也会变得有趣。

在我写《"笨办法"学 Python》和《"笨办法"学 Ruby》这两本书之间的那段时间，我对绘画产生了兴趣。在 39 岁的时候喜欢上了视觉艺术，然后就跟以前学吉他、音乐、编程的时候一样，每天学绘画。我搜集了诸多入门教材，照着书上的去做，每天都画一些东西，并且享受着学习的过程。我离"艺术家"还差得很远，甚至连"画得好"都谈不上，不过现在我可以说我是"会画画"的了。在学习艺术的过程中，我用的就是本书教你编程的方法。只要将问题拆分成小的练习和课程，你就可以学会任何东西。只要集中精力慢慢提高，享受学习的过程，不管你最终学到什么程度，你都会从中获益的。

通过本书学习编程的过程中要记住一点，就是所谓的"万事开头难"，对于有价值的事情尤其如此。也许你是一个害怕失败的人，一遇到困难就想放弃；也许你一直没学会自律，一遇到"无聊"的事情就不想上手；也许因为有人夸你"有天分"而让你自视甚高，不愿意做这些看上去很笨拙的事情，怕有负你"天才"的称号；也许你太过激进，把自己跟像我这样有 20多年经验的编程老手相比，让自己失去了信心。

不管是什么原因，你一定要坚持下去。如果遇到做不出来的巩固练习，或者遇到一个看不懂的习题，你可以暂时跳过去，过一阵子回来再看。编程中有一件经常发生的怪事就是，一开始你什么都不懂，这会让你感觉很不舒服，就像学习人类的自然语言一样，你会发现很难记住一些词语和特殊符号的用法，而且会经常感到很迷茫，直到有一天，忽然一下子你就豁然开朗，以前不明白的东西忽然就明白了。如果你坚持完成并努力理解这些习题，你最终会学会这些东西的。也许你不会成为一位编程大师，但你至少会明白编程的原理。

如果你放弃的话，你会失去达到这个程度的机会。如果你坚持尝试，坚持录入习题，坚持弄懂习题的话，你最终一定会明白里边的内容。如果你通读了本书，却还是不懂怎样写代码，你的努力也不会白费。你可以说你已经尽力了，虽然成效不佳，至少你尝试过了，这也是一件值得骄傲的事情。

致谢

首先我要感谢在本书前两版中帮过我的 Angela，没有她的话我有可能就不会费工夫完成这两本书了。她帮我修订了第 1 版初稿，而且在我写书的过程中给了我极大的支持。

我还要感谢 Greg Newman 为前两版做了封面设计，感谢 Brian Shumate 在早期网站设计方面的帮助，同时感谢所有读过前两版并且提出反馈和纠正错误的读者。

谢谢你们。

资源与支持

本书由异步社区出品，社区（https://www.epubit.com/）为您提供相关资源和后续服务。

配套资源

本书提供免费的配套视频。要观看配套视频，读者直接扫描每个习题首页标题旁的二维码即可。

提交勘误

作者和编辑尽最大努力来确保书中内容的准确性，但难免会存在疏漏。欢迎您将发现的问题反馈给我们，帮助我们提升图书的质量。

当您发现错误时，请登录异步社区，按书名搜索，进入本书页面，点击"提交勘误"，输入勘误信息，点击"提交"按钮即可。本书的作者和编辑会对您提交的勘误进行审核，确认并接受后，您将获赠异步社区的 100 积分。积分可用于在异步社区兑换优惠券、样书或奖品。

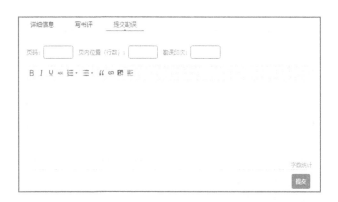

扫码关注本书

扫描下方二维码，您将会在异步社区微信服务号中看到本书信息及相关的服务提示。

与我们联系

我们的联系邮箱是 contact@epubit.com.cn。

如果您对本书有任何疑问或建议，请您发邮件给我们，并请在邮件标题中注明本书书名，以便我们更高效地做出反馈。

如果您有兴趣出版图书、录制教学视频，或者参与图书翻译、技术审校等工作，可以发邮件给我们；有意出版图书的作者也可以到异步社区在线提交投稿（直接访问 www.epubit.com/selfpublish/submission 即可）。

如果您是学校、培训机构或企业，想批量购买本书或异步社区出版的其他图书，也可以发邮件给我们。

如果您在网上发现有针对异步社区出品图书的各种形式的盗版行为，包括对图书全部或部分内容的非授权传播，请您将怀疑有侵权行为的链接发邮件给我们。您的这一举动是对作者权益的保护，也是我们持续为您提供有价值的内容的动力之源。

关于异步社区和异步图书

"异步社区"是人民邮电出版社旗下 IT 专业图书社区，致力于出版精品 IT 技术图书和相关学习产品，为作译者提供优质出版服务。异步社区创办于 2015 年 8 月，提供大量精品 IT 技术图书和电子书，以及高品质技术文章和视频课程。更多详情请访问异步社区官网 https://www.epubit.com。

"异步图书"是由异步社区编辑团队策划出版的精品 IT 专业图书的品牌，依托于人民邮电出版社近 30 年的计算机图书出版积累和专业编辑团队，相关图书在封面上印有异步图书的 LOGO。异步图书的出版领域包括软件开发、大数据、AI、测试、前端、网络技术等。

异步社区

微信服务号

目录

准备工作

这个习题并没有代码，它的主要目的是让你在计算机上安装好 Python。你应该尽量照着说明进行操作，如果你不太能跟上书面教程，就去看看为你的平台准备的视频。

注意 如果你不知道怎样使用 Windows 下的 PowerShell，或者 macOS 下的 Terminal（终端），或者 Linux 下的 bash，那你就需要先学会一个。在继续下面的习题之前，你应该先完成附录中的练习。

---

macOS

完成这个习题你需要完成下列任务。

1. 到 https://www.python.org/downloads/release/python-360/下载 "Mac OS X 64-bit/32-bit installer"。安装过程和安装别的软件一样。
2. 用浏览器打开 https://atom.io/，找到并安装 Atom 文本编辑器。如果你觉得 Atom 不合适，那就看看本习题最后的 "可选文本编辑器" 部分。
3. 把 Atom（文本编辑器）放到 Dock 中，这样你可以方便地找到它。
4. 找到系统中的 Terminal 程序。到处找找，你会找到的。
5. 把 Terminal 也放到 Dock 里面。
6. 运行 Terminal 程序，这个程序没什么好看的。
7. 在 Terminal 里运行 python3.6。运行的方法是键入命令的名字再敲一下回车键。
8. 键入 quit() 后按回车键，退出 python3.6。
9. 这样你就应该退回到键入 python3.6 前的提示界面了。如果没有的话，自己研究一下为什么。
10. 学着在 Terminal 上创建一个目录。
11. 学着在 Terminal 上变到一个目录。
12. 使用编辑器在你进入的目录下创建一个文件。新建一个文件，使用 "保存"（Save）或者 "另存为"（Save As...）选项，然后选择这个目录。
13. 使用键盘切换回 Terminal 窗口。
14. 回到 Terminal，用 ls 命令列出目录来看你新建的文件。

macOS：应该看到的结果

下面是我在自己计算机的 Terminal 中完成上述步骤时看到的内容，和你看到的结果可能会有一些不同，但应该是相似的。

```
$ python3.6
Python 3.6.0 (default, Feb 2 2017, 12:48:29)
[GCC 4.2.1 Compatible Apple LLVM 7.0.2 (clang-700.1.81)] on darwin
Type "help", "copyright", "credits" or "license" for more information.
>>>
~ $ mkdir lpthw
~ $ cd lpthw
lpthw $ ls
# ... 使用文本编辑器来编辑 test.txt 文件 ...
lpthw $ ls
test.txt
lpthw $
```

Windows

1. 用浏览器打开 https://atom.io，下载并安装 Atom 文本编辑器。这个操作无须管理员权限。

2. 把 Atom 放到桌面或者快速启动栏，这样就可以方便地访问它了。这两条在安装选项中可以看到。如果你的计算机速度不够快，无法运行 Atom，就去看看本习题结尾的"可选文本编辑器"部分。

3. 从开始菜单运行 PowerShell。你可以使用开始菜单的搜索功能，键入名称后敲回车键即可运行。

4. 为它创建一个快捷方式，放到桌面或者快速启动栏中以方便使用。

5. 运行 PowerShell 程序（后面我会叫它终端），这个程序没什么好看的。

6. 到 https://www.python.org/downloads/release/python-360/下载并安装 Python 3.6。记得勾选"Add Python 3.6 to PATH"，将 Python 3.6 添加到系统路径。

7. 在 PowerShell 终端中运行 python。运行的方法是键入命令的名字再敲一下回车键。如果没有运行起来，那你需要重新安装 Python，安装时记得勾选"Add Python 3.6 to PATH"选项。字比较小，要仔细看。

8. 键入 quit() 后按回车键，退出 python。

9. 这样你就应该退回到敲 python 前的提示界面了。如果没有的话，自己研究一下为什么。

10. 学着在 PowerShell 上创建一个目录。

11. 学着在 PowerShell 上变到一个目录。

12. 使用编辑器在你进入的目录下创建一个文件。新建一个文件，使用"保存"或者"另存为"选项，然后选择这个目录。

13. 使用键盘切换回 PowerShell 窗口。

14. 回到 PowerShell，列出目录来看你新建的文件。

从现在开始，如果我提到终端（terminal）或者 shell，我指的就是 PowerShell。要运行 Python 3.6，只要执行 python 命令即可。

Windows：应该看到的结果

```
> python
>>> quit()
> mkdir lpthw
> cd lpthw
... 使用文本编辑器来编辑 test.txt 文件 ...
>
> dir
Volume in drive C is
Volume Serial Number is 085C-7E02
Directory of C:\Documents and Settings\you\lpthw
04.05.2010  23:32    <DIR>         .
04.05.2010  23:32    <DIR>         ..
04.05.2010  23:32             6  test.txt
         1 File(s)            6 bytes
         2 Dir(s) 14 804 623 360 bytes free
>
```

你看到的内容不一样也没关系，大体相似就可以了。

Linux

Linux 系统可谓五花八门，安装软件的方式也各有不同。既然你是 Linux 用户，我就假设你已经知道如何安装软件包了，下面是操作说明。

1. 使用你的 Linux 包管理器安装 Python 3.6。如果不能安装，就去 https://www.python.org/downloads/release/python-360/下载源代码并进行构建。

2. 使用你的 Linux 包管理器安装 Atom 文本编辑器。如果你觉得 Atom 不合适，那就看看本习题最后的"可选文本编辑器"部分。

3. 把 Atom（文本编辑器）放到窗口管理器显见的位置，以方便日后使用。

4. 找到 Terminal 程序。它的名字可能是 GNOME Terminal、Konsole 或者 xterm。

5. 把 Terminal 也放到你的 Dock 里面。

6. 运行 Terminal 程序，这个程序没什么好看的。

7. 在 Terminal 程序中运行 python3.6。运行的方法是键入命令的名字再敲一下回车键。如果没有 python3.6 命令，那就试试只键入 python。

8. 键入 quit() 后按回车键，退出 python。

9. 这样你就应该退回到敲 python 前的提示界面了。如果没有的话，自己研究一下为什么。

10. 学着在 Terminal 上创建一个目录。

11. 学着在 Terminal 上变到一个目录。

12. 使用你的编辑器在你进入的目录下创建一个文件。典型步骤是，新建一个文件，使用"保存"或者"另存为"选项，然后选择这个目录。

13. 使用键盘切换回 Terminal 窗口，如果不知道怎样使用键盘切换，你可以自己查一下。

14. 回到 Terminal，列出目录来看你新建的文件。

Linux：应该看到的结果

```
$ python
>>> quit()
$ mkdir lpthw
$ cd lpthw
# ... 使用文本编辑器来编辑 test.txt 文件...
$ ls
test.txt
$
```

你看到的内容不一样也没关系，大体相似就可以了。

网上搜索

本书最主要的一部分内容是学会在网上研究编程主题。我会告诉你让你"在网上搜一下这个"，你的任务就是用搜索引擎寻求答案。我让你搜索而不是直接告诉你答案的原因是，我想让你成为一个具有独立学习能力的人，这样当你学会后就不需要回来看这本书了。如果你能在网上找到你的问题的答案，那么你就离独立学习更近了一步，这也是我的目标。

多亏了 Google 之类的搜索引擎，你可以很容易找到我要你找的答案。如果我说让你"上网搜索一下 python 的列表函数"，你只要像下面这样做就可以了。

1. 访问 google 官方网站。

2. 键入"python 3 列表 函数"。

3. 阅读列出的网页，找到最佳答案。

给新手的告诫

你已经完成了这个习题。根据你对计算机的熟悉程度，这个习题对你而言可能会有些难。如果你觉得有难度的话，你要自己克服困难，多花点儿时间去读书研究，因为只有你会这些基础操作，编程对你来说才不会太难学。

如果有人让你中途停止或者跳过本书的某些习题，你应该就当没听到。任何企图不让你学到某些东西的人，或者更恶劣的，企图让你通过他们而非通过自己努力获取知识的人，都是企图让你依赖他们来获取知识。别听他们的，好好做你的习题，这样你就能学会如何自学了。

总有一天你会听到有程序员建议你使用 macOS 或者 Linux。如果他喜欢字体美观，他会告诉你弄一台 Mac 计算机，如果他们喜欢操控而且留了一脸大胡子，他会让你安装 Linux。这里再次向你说明，只要是一台手上能用的计算机就可以了。你需要的只有 3 样东西：一个文本编辑器，一个命令行终端，还有 Python。

最后要说的是，这个习题的准备工作的目的就是让你可以在以后的习题中顺利地做到下面几件事。

1. 撰写习题的代码。
2. 运行你写的习题代码。
3. 代码被破坏的时候修正代码。
4. 重复上述步骤。

其他的事情只会让你更困惑，所以还是坚持按计划进行吧。

可选文本编辑器

文本编辑器对程序员很重要，但初学者只要使用简单的程序员的文本编辑器就可以了。这些编辑器和写文章用的编辑器不一样，它们为写代码提供了很多专门的功能。我在书中推荐了 Atom，因为它是免费的，而且几乎可以在所有平台上使用。不过，也许 Atom 在你计算机上不好用，那你可以试试下面这些编辑器。

编辑器名称	支 持 平 台
Visual Studio Code	Windows, macOS, Linux
Notepad++	Windows
gEdit	Linux, macOS, Windows
Textmate	macOS
SciTE	Windows, Linux
jEdit	Linux, macOS, Windows

这些编辑器是按项目"健康程度"排列的。也许其中一些项目将来会被开发者抛弃而死掉，或者哪天就不支持你的计算机了。如果你试了一个，发现不工作，那就试试另一个。"支持平台"中有的列了多项，也是按支持的成熟度排列的，所以如果你用 Windows，那就看看"支持平台"一列中 Windows 排在最前面的编辑器。

如果你会用 Vim 或者 Emacs，那就用它们。如果你从来没用过，就避开它们。也许会有程序员劝你使用 Vim 或者 Emacs，但这只会让你偏离轨道。你的目标是学习 Python，而不是学习 Vim 或者 Emacs。如果你试了 Vim，发现没法退出，就键入 :q! 或者 ZZ。如果有人让你用 Vim，但连这都没告诉你，你现在应该知道为什么他们的话不能听了。

学习本书过程中不要使用集成开发环境（IDE）。依赖 IDE 的结果就是没法使用新的编程语言，因为你要等着企业卖给你一个支持这门语言的 IDE，但除非已经有了众多人在使用这门语言，否则企业是不会为它开发 IDE 的。如果你有信心使用 Vim、Emacs、Atom 之类的程序员的文本编辑器写代码，那你就不必等待第三方推出 IDE 了。尽管有些场合下 IDE 也不错，比如针对已有的庞大代码库，但如果用 IDE 上了瘾，你的个人前途就会受限。

另外你也不应该使用 IDLE。它功能极其有限，而且作为软件本身质量也不太好。你只需要一个简单的文本编辑器、一个命令行终端和一个 Python 就够了。

第一个程序

你应该在习题 0 上花了不少的时间，学会了如何安装和运行文本编辑器，以及如何运行终端。如果你还没有完成这些练习，请不要继续往下进行，否则后面的学习过程会很痛苦。下面这个警告你不要跳过前面内容的警示，本书中仅此一次，切记切记。

警告　如果你跳过了习题 0，那你就没做对。是不是想使用 IDLE 或者别的 IDE？我在习题 0 里说了不许用，你得听我的才行。如果你跳过了习题 0，那就回去看一遍。

将下面的内容录到一个取名为 ex1.py 的文件中。这种命名方式很重要，Python 文件最好以 .py 结尾。

ex1.py

```
1  print("Hello World!")
2  print("Hello Again")
3  print("I like typing this.")
4  print("This is fun.")
5  print('Yay! Printing.')
6  print("I'd much rather you 'not'.")
7  print('I "said" do not touch this.')
```

Atom 文本编辑器的代码看上去差不多是图 1-1 中这样子的，各个平台应该都一样。

别担心编辑器长得是不是一样，只要接近就可以了。也许你的窗口标题栏不太一样，也许颜色不同，你的 Atom 窗口右边不会显示"zedshaw"而是显示了你保存文件的目录名称。这些不同都没关系。

创建这个文件时记住下面几点。

1. 注意我没有键入左边的行号。这些是额外加到书里边的，以便对代码具体的某一行进行讨论。例如"参见第 5 行……"你无需将这些行号也录到 Python 脚本中去。
2. 注意截图中开始的 print 语句，它和 ex1.py 代码范例中是完全一样的。这里要求你做到"完全一样"的意思是一字不差，仅做到"差不多一样"是不够的。要让这段脚本正常工作，代码中的每个字符都必须完全匹配。当然，你的编辑器显示的颜色可能不一样，这并不重要，只有你键入的字符才是重要的。

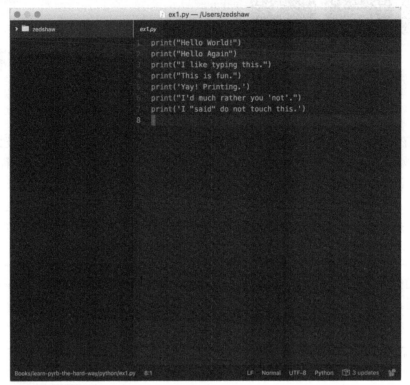

图 1-1

在 macOS 或者 Linux 终端通过键入以下内容来运行这段代码：

```
python3.6 ex1.py
```

而在 Windows 上键入 python 就可以了，如下所示：

```
python ex1.py
```

如果都对了，你应该能看到我在"应该看到的结果"部分给出的内容。如果不一样，一定是你做错了什么，计算机是不会出错的。

应该看到的结果

在 macOS 的 Terminal 下应该看到图 1-2 所示的这个样子。

在 Windows 的 PowerShell 下应该看到图 1-3 所示的这个样子。

图 1-2

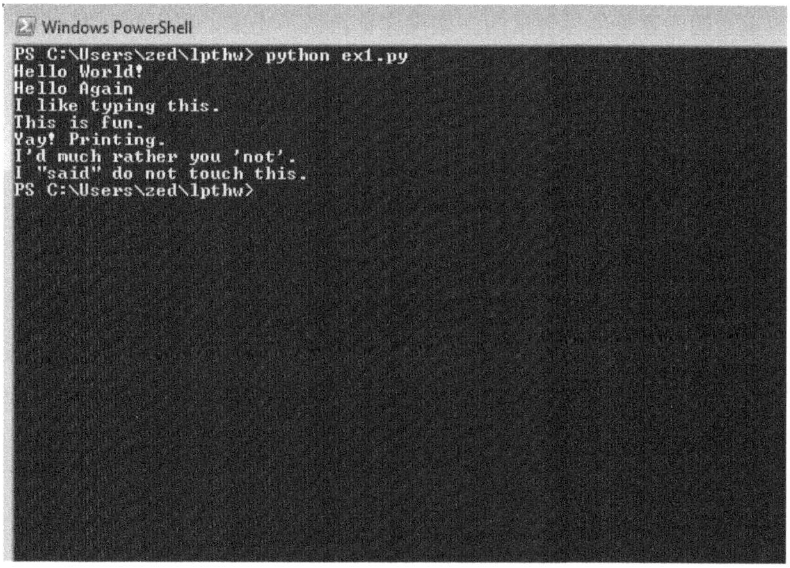

图 1-3

　　你也许会看到python3.6 ex1.py命令前面显示的用户名、计算机名及其他一些信息不一样，这不是问题，重要的是你键入了这条命令，而且看到了相同的输出。

如果有错误，你会看到与下面类似的出错消息：

```
$ python3.6 python/ex1.py
  File "python/ex1.py", line 3
    print("I like typing this.
                              ^
SyntaxError: EOL while scanning string literal
```

你应该学会看懂这些内容，这是很重要的一点，因为你以后还会犯类似的错误。就是现在的我也会犯这样的错误。让我们一行一行来看。

1. 首先我们在终端键入命令来运行 ex1.py 脚本。
2. Python 告诉我们 ex1.py 文件的第 3 行有一个错误。
3. 然后这一行代码被显示出来。
4. 然后 Python 显示一个插入符（^）符号，用来指示出错的位置。注意到少了一个双引号（"）了吗？
5. 最后，它显示一个 SyntaxError（语法错误），告诉你究竟是什么样的错误。通常这些出错消息都非常难懂，不过你可以把出错消息的内容复制到搜索引擎里，然后你就能看到别人也遇到过这样的错误，而且你也许能找到修正这个错误的方法。

巩固练习

巩固练习里边的内容是供你尝试的。如果你觉得做不出来，可以暂时跳过，过段时间再回来做。

对于这个习题，试试下面几项。

1. 让你的脚本再多打印一行。
2. 让你的脚本只打印其中一行。
3. 在一行的起始位置放一个"#"字符。它的作用是什么，自己研究一下。

从现在开始，除非特别情况，否则我将不再解释每个习题的工作原理了。

警告　#（octothorpe）有很多的英文名字，如 pound（英镑符）、hash（电话的#键）、mesh（网）等。选一个你觉得酷的用就行了。

常见问题回答

这部分包含了学生做这个习题时遇到的真实问题。

我可不可以使用 IDLE？

不行。你应该使用 macOS 的 Terminal 或者 Windows 的 PowerShell，和我这里演示的一样。如果你不知道如何用它们，可以去阅读附录。

怎样让编辑器显示不同颜色？

编辑之前先将文件保存为 .py 格式，如 ex1.py，后面编辑时你就可以看到各种颜色了。

运行 ex1.py 时看到 SyntaxError: invalid syntax。

你也许已经运行了 Python，然后又在 Python 环境下运行了一遍 Python。关掉并重启终端，重来一遍，只键入 python3.6 ex1.py 就可以了。

遇到出错消息 can't open file 'ex1.py': [Errno 2] No such file or directory。

你需要在自己创建文件的目录下运行命令。确保你事先使用 cd 命令进入了这层目录下。假如你的文件保存在 lpthw/ex1.py 下面，那你需要先执行 cd lpthw/，再运行 python3.6 ex1.py。如果你不明白该命令的意思，那就去看看附录。

我的文件无法运行，它直接回到了提示符，没有任何输出。

很有可能是你把 ex1.py 文件中的代码做了字面理解，认为 print("Hello World!") 就是让你在文件中打印"Hello World!"，于是你没有键入 print。你的代码应该和我的一模一样才可以。

注释和#号

程 序里的注释是很重要的。它们可以用自然语言告诉你某段代码的功能是什么。想要临时移除一段代码时，你还可以用注释的方式临时禁用这段代码。这个习题就是让你学会如何在 Python 中使用注释。

ex2.py

```
1   # A comment, this is so you can read your program later.
2   # Anything after the # is ignored by python.
3
4   print("I could have code like this.") # and the comment after is ignored
5
6   # You can also use a comment to "disable" or comment out code:
7   # print("This won't run.")
8
9   print("This will run.")
```

从现在开始，我将用这样的方式来演示代码。我一直在强调"完全一样"，不过你也不必按照字面意思理解。你的程序在屏幕上的显示可能会有些不同，重要的是你在文本编辑器中录入的文本的正确性。事实上，我可以用任何编辑器写出这段程序，而且内容是完全一样的。

应该看到的结果

习题 2 会话

```
$ python3.6 ex2.py
I could have code like this.
This will run.
```

再说明一次，我不会再贴各种屏幕截图了。你应该明白上面的内容不是输出内容的字面翻译，而 $ python3.6 ...下面的内容才是你应该关心的。

巩固练习

1. 弄清楚#字符的作用，而且记住它的名字（英文为 octothorpe 或者 pound character）。
2. 打开 ex2.py 文件，从后往前逐行检查。从最后一行开始，倒着逐个单词检查回去。

3. 有没有发现什么错误呢？有的话就改正过来。
4. 朗读你录入的代码，把每个字符都读出来。有没有发现更多的错误呢？有的话也一样改正过来。

常见问题回答

你确定#字符的名称是 pound character?

我叫它 octothorpe，这个名字没有哪个国家用作别的意思，而且所有的人都能看懂它的意思。每个国家都觉得他们的叫法最正确、最闪亮。对我来说这是自大狂的想法，而且说真的，与其去关心这种细枝末节，还不如把时间花在更重要的事情上面，比如好好学习编程。

为什么 `print("Hi # there.")` 里的#没被忽略掉?

这行代码里的#处于字符串内部，所以它就是引号结束前的字符串中的一部分，这时它只是一个普通字符，而不代表注释的意思。

怎样做多行注释?

每行前面放一个#就可以了。

我们国家的键盘上找不到#字符，怎么办?

有的国家要通过 Alt 键组合才能键入这个字符。你可以用搜索引擎找一下解决方案。

为什么要让我倒着阅读代码?

这样可以避免让你的大脑跟着每一段代码的意思走，这样可以让你精确处理每个片段，从而让你更容易发现代码中的错误。这是一个很好用的查错技巧。

数字和数学计算

每一种编程语言都包含处理数字和进行数学计算的方法。不必担心，程序员经常谎称他们是多么牛的数学天才，其实他们根本不是。如果他们真是数学天才，他们就会去从事数学相关的工作，而不是写一些毛病百出的 Web 框架，想着赚够钱买辆跑车了。

这个习题里有很多数学运算符号。我们来看一遍它们都叫什么名字，你要一边写一边念出它们的名字来，直到你念烦了为止。名字如下。

- +：加号。
- -：减号。
- /：斜杠。
- *：星号。
- %：百分号。
- <：小于号。
- >：大于号。
- <=：小于等于号。
- >=：大于等于号。

有没有注意到以上只是些符号，没有给出具体的运算操作呢？录完下面的习题代码后，再回到上面的列表，写出每个符号的作用。例如，+是用来做加法运算的。

ex3.py

```
1   print("I will now count my chickens:")
2
3   print("Hens", 25 + 30 / 6)
4   print("Roosters", 100 - 25 * 3 % 4)
5
6   print("Now I will count the eggs:")
7
8   print(3 + 2 + 1 - 5 + 4 % 2 - 1 / 4 + 6)
9
10  print("Is it true that 3 + 2 < 5 - 7?")
11
12  print(3 + 2 < 5 - 7)
13
14  print("What is 3 + 2?", 3 + 2)
15  print("What is 5 - 7?", 5 - 7)
16
```

```
17    print("Oh, that's why it's False.")
18
19    print("How about some more.")
20
21    print("Is it greater?", 5 > -2)
22    print("Is it greater or equal?", 5 >= -2)
23    print("Is it less or equal?", 5 <= -2)
```

应该看到的结果

```
$ python3.6 ex3.py
I will now count my chickens:
Hens 30.0
Roosters 97
Now I will count the eggs:
6.75
Is it true that 3 + 2 < 5 - 7?
False
What is 3 + 2? 5
What is 5 - 7? -2
Oh, that's why it's False.
How about some more.
Is it greater? True
Is it greater or equal? True
Is it less or equal? False
```

巩固练习

1. 每一行的上面使用#为自己写一个注释，说明一下这一行的作用。
2. 记得习题 0 吧？用里边的方法运行 Python，然后使用刚才学到的数学运算符，把 Python 当作计算器玩玩儿。
3. 自己找个想要计算的东西，写一个 .py 文件把它计算出来。
4. 使用浮点数重写一遍 ex3.py，让它的计算结果更准确。提示：20.0 就是一个浮点数。

常见问题回答

为什么%是求余数符号，而不是百分号？

很大程度上只是因为设计人员选择了这个符号而已。正常写作时它是百分号没错，在编程中除法我们用了/，而求余数又恰恰选择了%这个符号，仅此而已。

%是怎么工作的？

换个说法就是"X除以Y的余数是J"，例如"100 除以 16 的余数是 4"。%运算的结果就是J这部分。

运算优先级是怎样的？

在美国，我们用 PEMDAS 这个简称来辅助记忆，它的意思是"括号（Parentheses）、指数（Exponents）、乘（Multiplication）、除（Division）、加（Addition）、减（Subtraction）"，这也是 Python 里的运算优先级。一个常见的错误是人们以为 PEMDAS 是一个绝对次序，需要依次进行，其实乘除是一级，从左到右，然后加减是一级，从左到右，所以你可以把 PEMDAS 写成 PE(M&D)(A&S)。

变量和命名

你已经学会了 print 和算术运算。下一步要学的是"变量"（variable）。在编程中，变量只不过是用来指代某个东西的名字。程序员通过使用变量名可以让自己的程序读起来更像自然语言。而且因为程序员的记性都不怎么好，变量名可以让他们更容易记住程序的内容。如果他们没有在写程序时使用好的变量名，在下一次读到原来写的代码时他们会大为头疼。

如果被这个习题难住了的话，想想之前教过的，要注意找到不同点、关注细节。

1. 在每一行的上面写一条注释，给自己解释一下这一行的作用。
2. 倒着读你的 .py 文件。
3. 朗读你的 .py 文件，将每个字符都读出来。

ex4.py

```python
cars = 100
space_in_a_car = 4.0
drivers = 30
passengers = 90
cars_not_driven = cars - drivers
cars_driven = drivers
carpool_capacity = cars_driven * space_in_a_car
average_passengers_per_car = passengers / cars_driven


print("There are", cars, "cars available.")
print("There are only", drivers, "drivers available.")
print("There will be", cars_not_driven, "empty cars today.")
print("We can transport", carpool_capacity, "people today.")
print("We have", passengers, "to carpool today.")
print("We need to put about", average_passengers_per_car, "in each car.")
```

警告 space_in_a_car 中的_是下划线（underscore）字符。如果你不知道怎样键入这个字符的话就自己研究一下。这个字符在变量里通常被用作假想的空格，用来隔开单词。

应该看到的结果

```
$ python3.6 ex4.py
There are 100 cars available.
There are only 30 drivers available.
There will be 70 empty cars today.
We can transport 120.0 people today.
We have 90 to carpool today.
We need to put about 3.0 in each car.
```

巩固练习

刚开始写这个程序时我犯了个错误，Python 告诉我这样的出错消息：

```
Traceback (most recent call last):
  File "ex4.py", line 8, in <module>
    average_passengers_per_car = car_pool_capacity / passenger
NameError: name 'car_pool_capacity' is not defined
```

用你自己的话解释一下这个出错消息，解释时记得使用行号，而且要说明原因。

下面是更多的巩固练习。

1. 我在程序里用了 4.0 作为 space_in_a_car 的值，这样做有必要吗？如果只用 4 会发生什么？

2. 记住 4.0 是一个"浮点数"。这只是一个带小数点的数，如果写作 4.0 而不是 4，那它就是一个浮点数。

3. 在每一个变量赋值的上一行加上一条注释。

4. 记住=的名字是等于，它的作用是为数据（数值、字符串等）取名（cars_driven、passengers）。

5. 记住_是下划线字符。

6. 将 Python 作为计算器运行起来，就跟以前一样，不过这一次在计算过程中使用变量名来做计算，常见的变量名有 i、x、j 等。

常见问题回答

=（单等号）和==（双等号）有什么不同？

=的作用是将右边的值赋给左边的变量名。==的作用是检查左右两边的值是否相等。习题 27 中你会学到更多相关用法。

写成 x=100 而非 x = 100 也没关系吧？

是可以这样写，但这种写法不好。操作符两边加上空格会让代码更容易阅读。

怎样"倒着读"代码？

很简单，假如说你的代码有 16 行，你就从第 16 行开始，和我的文件的第 16 行比对，接着比对第 15 行，依此类推，直到全部检查完。

为什么 space_in_a_car 用了 4.0？

这主要就是为了让你见识一下浮点数，并且提出这个问题。看看巩固练习吧。

更多的变量和打印

我们现在要键入更多的变量并且把它们打印出来。这次我们将使用一个叫"格式化字符串"（format string）的东西。每一次你使用双引号（"）把一些文本括起来，就创建了一个字符串。字符串是程序向人展示信息的方式。你可以打印它们，可以将它们存入文件，还可以将它们发送给 Web 服务器，很多事情都是通过字符串交流实现的。

字符串是非常好用的东西，所以在这个习题中你将学会如何创建嵌入变量内容的字符串。要在字符串里嵌入变量，你需要使用{}特殊符号，把变量放在里边。你的字符串还必须以 f 开头，f 是"格式化"（format）的意思，例如 f"Hello {somevar}"。这种 f、引号和{}的组合相当于告诉 Python："嘿，这是一个格式化字符串，把这些变量放到那几个位置。"

和之前一样，即使你读不懂这些内容，只要一字不差地录入就可以了。

ex5.py

```
1   my_name = 'Zed A. Shaw'
2   my_age = 35 # not a lie
3   my_height = 74 # inches
4   my_weight = 180 # lbs
5   my_eyes = 'Blue'
6   my_teeth = 'White'
7   my_hair = 'Brown'
8
9   print(f"Let's talk about {my_name}.")
10  print(f"He's {my_height} inches tall.")
11  print(f"He's {my_weight} pounds heavy.")
12  print("Actually that's not too heavy.")
13  print(f"He's got {my_eyes} eyes and {my_hair} hair.")
14  print(f"His teeth are usually {my_teeth} depending on the coffee.")
15
16  # this line is tricky, try to get it exactly right
17  total = my_age + my_height + my_weight
18  print(f"If I add {my_age}, {my_height}, and {my_weight} I get {total}.")
```

应该看到的结果

```
$ python3.6 ex5.py
Let's talk about Zed A. Shaw.
He's 74 inches tall.
He's 180 pounds heavy.
Actually that's not too heavy.
He's got Blue eyes and Brown hair.
His teeth are usually White depending on the coffee.
If I add 35, 74, and 180 I get 289.
```

巩固练习

1. 修改所有变量的名字，把它们前面的 my_ 去掉。确认将每一个地方都改掉，不只是使用=设置的地方。
2. 试着使用变量将英寸和磅转换成厘米和千克。不要直接键入答案，使用 Python 的数学计算功能来完成。

常见问题回答

这样定义变量行不行：1 = 'Zed Shaw'？

不行。1 不是一个有效的变量名称。变量名要以字母开头，所以 a1 可以，但 1 不行。

如何将浮点数四舍五入？

你可以使用 round() 函数，如 round(1.7333)。

为什么我还是不明白？

试着将脚本里的数字看成是你自己测量出来的数据，这样会很奇怪，但是多少会让你有身临其境的感觉，从而帮助你理解一些东西。另外，你这才刚开始学习，不明白也正常，坚持练习，后面的习题会为你解释更多东西。

字符串和文本

虽然你已经在程序中写过字符串了，但是你还不了解它们的用处。在这个习题中我们将使用复杂的字符串来建立一系列变量，从中你将学到它们的用途。首先，我解释一下字符串是什么。

字符串通常是指你想要展示给别人的或者想要从程序里"导出"的一小段字符。Python 可以通过文本里的双引号（"）或者单引号（'）识别出字符串来。这在前面的打印练习中你已经见过很多次了。如果你把单引号或者双引号括起来的文本放到 print 后面，它们就会被 Python 打印出来。

字符串可以包含之前已经见过的格式化字符。记住变量是你用"名字 = 值"这样的代码设置出来的。在这个习题的代码中，types_of_people = 10 创建了一个名叫 types_of_people 的变量，并将其设为等于 10。你可以用{types_of_people}的方式把它放到任何字符串中。你还看到我用了一种特别的字符串类型，称为"f-string"，结果看上去是这样的：

```
f"some stuff here {avariable}"
f"some other stuff {anothervar}"
```

Python 还有一种使用.format()语法的格式化方式，如 ex6.py 中的第 17 行所示。你会看到我有时会用到它，当我要在已经创建的字符串上应用格式化的时候，比如在循环中。这个我后面会讲到。

我们将键入大量的字符串、变量、格式化字符，并且将它们打印出来。我们还将练习使用简写的变量名。程序员喜欢使用恼人的难读的简写来节约打字时间，所以我们现在就开始学会这个，这样你就能读懂并且写出这些东西了。

ex6.py

```
1    types_of_people = 10
2    x = f"There are {types_of_people} types of people."
3
4    binary = "binary"
5    do_not = "don't"
6    y = f"Those who know {binary} and those who {do_not}."
7
8    print(x)
9    print(y)
10
```

```
11    print(f"I said: {x}")
12    print(f"I also said: '{y}'")
13
14    hilarious = False
15    joke_evaluation = "Isn't that joke so funny? {}!"
16
17    print(joke_evaluation.format(hilarious))
18
19    w = "This is the left side of..."
20    e = "a string with a right side."
21
22    print(w + e)
```

应该看到的结果

习题 6　会话

```
$ python3.6 ex6.py
There are 10 types of people.
Those who know binary and those who don't.
I said: There are 10 types of people.
I also said: 'Those who know binary and those who don't.'
Isn't that joke so funny? False!
This is the left side of...a string with a right side.
```

巩固练习

1. 通读这段程序，在每一行的上面写一条注释，给自己解释一下这一行的作用。
2. 找出所有"把一个字符串放进另一个字符串"的位置。总共有 4 处。
3. 你确定只有 4 处吗？你怎么知道的？没准儿我骗你呢。
4. 解释一下为什么 w 和 e 用+连起来就可以生成一个更长的字符串。

破坏程序

　　这里你要试着破坏代码，看看会发生什么事情。把它当一个游戏来玩，看看能不能想出巧妙的破坏方式。你还可以找出最简单的破坏代码的方式。破坏代码之后你还要修复它。把你的 ex6.py 文件交给你的朋友，让他们搞破坏。然后你试着找出错误并修正它们。尽兴玩吧，记住代码可以写一遍，也可以写两遍，如果破坏到无法补救的程度了，那么重新录入一遍也可以的，就当额外练习了。

常见问题回答

为什么有的字符串用了单引号,有的没有?

主要是风格使然,我会在字符串中包含双引号的时候对字符串使用单引号。看看第 5 行和第 15 行就知道我是怎样做的了。

如果你觉得代码中的笑话很好笑,可不可以写一句 hilarious = True?

可以。在习题 27 中你会学到关于布尔值的更多知识。

更多打印

现在我们将做一批习题，在做这些习题的过程中你需要录入代码，并且让它们运行起来。我不会解释太多，因为这个习题的内容都是以前熟悉的。这个习题的目的是巩固你学到的东西。几个习题后再见。不要跳过这些习题。不要复制粘贴！

ex7.py

```
1   print("Mary had a little lamb.")
2   print("Its fleece was white as {}.".format('snow'))
3   print("And everywhere that Mary went.")
4   print("." * 10)   # what'd that do?
5
6   end1 = "C"
7   end2 = "h"
8   end3 = "e"
9   end4 = "e"
10  end5 = "s"
11  end6 = "e"
12  end7 = "B"
13  end8 = "u"
14  end9 = "r"
15  end10 = "g"
16  end11 = "e"
17  end12 = "r"
18
19  # watch that comma at the end. try removing it to see what happens
20  print(end1 + end2 + end3 + end4 + end5 + end6, end=' ')
21  print(end7 + end8 + end9 + end10 + end11 + end12)
```

应该看到的结果

习题 7　会话

```
$ python3.6 ex7.py
Mary had a little lamb.
Its fleece was white as snow.
And everywhere that Mary went.
..........
```

Cheese Burger

巩固练习

对于接下来几个习题，巩固练习是一样的。

1. 倒着阅读这段代码，在每一行的上面加一条注释。
2. 倒着朗读出每一行，找出自己的错误。
3. 从现在开始，把你犯的错误记录下来，写在一张纸上。
4. 在开始下一个习题时，阅读一遍你记录下来的错误，并且尽量避免在下一个习题中再犯同样的错误。
5. 记住，每个人都会犯错。程序员和魔术师一样，他们希望大家认为他们从不犯错，不过这只是表象而已，他们每时每刻都在犯错。

破坏程序

习题 6 中破坏程序的游戏好玩吗？从现在开始，我要求你破坏所有你的或者你朋友的代码。我不会在每个习题里提供"破坏程序"这一部分，但我在几乎所有的配套视频里都这样做了。你的目标是找出尽可能多的方式去破坏代码，直到自己累了或者所有的可能性都尝试过为止。有的习题里我会指出一些常见的破坏代码的方式，不过就算我不提，你也要把破坏代码当作必须完成的任务。

常见问题回答

为什么要用一个叫 'snow' 的变量？
其实不是变量，而是一个内容为单词 snow 的字符串而已。变量名是不会带引号的。

你在巩固练习 1 里说在每一行代码的上面写一条注释，是一定要这样做吗？
不是。一般情况下加注释只是为了解释难懂的代码，或者注明为什么要这么写代码。一般来说后者更为重要，然后你试着把代码写到能自我解释原理的程度。不过，有时候为了解决问题，你会不得不去写很难懂的代码，然后为每一行添加注释。在这里，我主要是为了让你逐渐学会将代码翻译成日常语言。

创建字符串时是不是单引号和双引号都可以，它们有什么不同用途吗？
在 Python 中两种都是可以的，不过一般单引号会被用来创建简短的字符串，如 'a'、'snow' 等。

打印，打印

我 们现在看看怎样对字符串做更复杂的格式化。这段代码比较复杂，不过如果你在每行上面添加注释，分解后你就能看懂了。

ex8.py

```python
1    formatter = "{} {} {} {}"
2
3    print(formatter.format(1, 2, 3, 4))
4    print(formatter.format("one", "two", "three", "four"))
5    print(formatter.format(True, False, False, True))
6    print(formatter.format(formatter, formatter, formatter, formatter))
7    print(formatter.format(
8        "Try your",
9        "Own text here",
10       "Maybe a poem",
11       "Or a song about fear"
12   ))
```

应该看到的结果

习题 8　会话

```
$ python3.6 ex8.py
1 2 3 4
one two three four
True False False True
{} {} {} {} {} {} {} {} {} {} {} {} {} {} {} {}
Try your Own text here Maybe a poem Or a song about fear
```

在这个习题中我用了一个叫函数（function）的东西，让它返回 formatter 变量到其他字符串中。当你看到 formatter.format(...) 的时候，这相当于我告诉 Python 做下面的事情。

1. 取第 1 行定义的 formatter 字符串。
2. 调用它的 format 函数，这相当于告诉它执行一个叫 format 的命令行命令。
3. 给 format 传递 4 个参数，这些参数和 formatter 变量中的{}匹配，相当于将参数传递给了 format 这个命令。

4. 在 formatter 上调用 format 的结果是一个新字符串，其中的 {} 被 4 个变量替换掉了，这就是 print 现在打印出的结果。

对习题 8 来说，这些内容够你消化一阵子了，试着挑战一下自己吧，如果实在搞不懂也没关系，本书后面会慢慢让你明白。现在只要学习一下就好，然后去看下一个习题。

巩固练习

自己检查结果，记录你犯的错误，并且在下一个习题中尽量不要犯同样的错误。换句话说，就是重复习题 7 的巩固练习。

常见问题回答

为什么 "one" 要用引号，而 **True** 和 **False** 不需要？

因为 True 和 False 是 Python 的关键字，用来表示真和假的概念。如果加了引号，它们就变成了字符串，也就无法实现它们本来的功能了。习题 27 中会有详细说明。

可不可以使用 IDLE 运行这段代码？

不行。你应该学习使用命令行。命令行对学习编程很重要，而且是学习编程的绝佳初始环境。本书内容越靠后，IDLE 就越不能胜任。

打印，打印，打印

现在你应该发现这本书的规律了，那就是使用不止一个习题来教你新东西。我先给你一些你可能不懂的代码，然后用更多的习题来解释概念。如果你现在不懂，等你后面多做一些习题后，就自然明白了。把你不懂的东西写下来，然后继续做题就好。

ex9.py

```python
1    # Here's some new strange stuff, remember type it exactly.
2
3    days = "Mon Tue Wed Thu Fri Sat Sun"
4    months = "Jan\nFeb\nMar\nApr\nMay\nJun\nJul\nAug"
5
6    print("Here are the days: ", days)
7    print("Here are the months: ", months)
8
9    print("""
10   There's something going on here.
11   With the three double-quotes.
12   We'll be able to type as much as we like.
13   Even 4 lines if we want, or 5, or 6.
14   """)
```

应该看到的结果

```
$ python3.6 ex9.py
Here are the days:  Mon Tue Wed Thu Fri Sat Sun
Here are the months:  Jan
Feb
Mar
Apr
May
Jun
Jul
Aug

There's something going on here.
```

```
With the three double-quotes.
We'll be able to type as much as we like.
Even 4 lines if we want, or 5, or 6.
```

巩固练习

自己检查结果，记录你犯的错误，并且在下一个习题中尽量不要犯同样的错误。有没有记得还要破坏并且修复代码？换句话说，就是重复习题 7 的巩固练习。

常见问题回答

为什么在三引号之间加入空格就会出错？

你必须写成"""而不是" " "，引号之间不能有空格。

怎样将月份写到新行？

用 \n 开始字符串就可以了：

```
"\nJan\nFeb\nMar\nApr\nMay\nJun\nJul\nAug"
```

我的大部分错误都是拼写错误，是不是我太笨了？

对于初学者甚至进阶者来说，编程中的大部分错误都是简单的拼写错误、录入错误或者没把别的一些简单东西弄对。

那是什么

在 习题 9 中我带你接触了一些新东西，给了你一些持续的挑战，让你看到两种将字符串扩展到多行的方法。第一种方法是在月份之间用\n 隔开。这两个字符的作用是在该位置上放入一个换行字符（new line character）。

使用反斜杠（\）可以将难录入的字符放到字符串。针对不同的符号有很多这样的所谓转义序列（escape sequence）。接下来我们试几个这样的转义序列，你就知道这些转义序列的意义了。

一种重要的转义序列是用来将单引号（'）和双引号（"）转义。想象你有一个用双引号括起来的字符串，你想要在字符串的内容里再添加一组双引号进去，比如，你想写"I "understand" joe."，Python 就会认为"understand"前后的两个引号是字符串的边界，从而把字符串弄错。你需要一种方法告诉 Python，字符串里边的双引号不是真正的双引号。

要解决这个问题，需要将双引号和单引号转义，让 Python 将引号也包含到字符串里边去。下面是一个例子：

```
"I am 6'2\" tall."   # 将字符串中的双引号转义
'I am 6\'2" tall.'   # 将字符串中的单引号转义
```

第二种方法是使用"三引号"，也就是"""，你可以在一组三引号之间放入任意多行文本。这些我们也会试一下。

ex10.py

```
1    tabby_cat = "\tI'm tabbed in."
2    persian_cat = "I'm split\non a line."
3    backslash_cat = "I'm \\ a \\ cat."
4
5    fat_cat = """
6    I'll do a list:
7    \t* Cat food
8    \t* Fishies
9    \t* Catnip\n\t* Grass
10   """
11
12   print(tabby_cat)
13   print(persian_cat)
14   print(backslash_cat)
15   print(fat_cat)
```

应该看到的结果

注意你打印出来的制表符（tab）。在这个习题中的文字间隔对于得到正确答案是很重要的。

习题 10   会话

```
$ python ex10.py
        I'm tabbed in.
I'm split
on a line.
I'm \ a \ cat.

I'll do a list:
        * Cat food
        * Fishies
        * Catnip
        * Grass
```

转义序列

下面的表列出了 Python 支持的所有转义序列。很多你也许不会用到，不过还是要记住它们的格式和功能。试着在字符串中应用它们，看看你能否让它们起作用。

转义字符	功　　能
\\	反斜杠（\）
\'	单引号（'）
\"	双引号（"）
\a	ASCII 响铃符（BEL）
\b	ASCII 退格符（BS）
\f	ASCII 进纸符（FF）
\n	ASCII 换行符（LF）
\N{name}	Unicode 数据库中的字符名，其中 name 是它的名字，仅 Unicode 适用
\r	ASCII 回车符（CR）
\t	ASCII 水平制表符（TAB）
\uxxxx	值为 16 位十六进制值 xxxx 的字符

续表

转义字符	功　　能
\Uxxxxxxxx	值为 32 位十六进制值 xxxxxxxx 的字符
\v	ASCII 垂直制表符（VT）
\ooo	值为八进制值 ooo 的字符
\xhh	值为十六进制值 hh 的字符

巩固练习

1. 把这些转义序列记录到速记卡上，并记住它们的含义。
2. 用 3 个单引号（'''）取代"""（3 个双引号）。你能想出什么场合下应该用它而不是用"""吗？
3. 将转义序列和格式化字符串组合到一起，创建一种更复杂的格式。

常见问题回答

我还没完全搞明白上一个习题，我可以继续吗？

可以，继续前进，遇到习题中不懂的东西就记在笔记中。完成更多习题后，回头看自己以前在笔记本上记下来的不懂的知识点，看是不是已经明白了。有时你可能还需要回到前面的习题中重新复习一遍。

\\和别的符号相比有什么特别之处吗？

这样只是为了输出一个反斜杠（\），想想为什么要把它写成两个反斜杠。

//和/n 怎么不灵？

因为你用了斜杠（/）而不是反斜杠（\），它们是不一样的字符，功能也完全不同。

巩固练习 3 说要将转义序列和格式化字符串组合到一起，是什么意思？

我想让你明白的一点是，所有这些习题中教你的东西都可以组合起来帮你解决问题。把你学过的格式化字符串的知识和你新学到的转义序列的知识组合起来，写一些新代码。

'''和"""哪个好？

这完全是风格问题。现在你就用'''吧，不过也要做好二选一的心理准备，这取决于具体场合以及大家的一致用法。

提问

我 已经出过很多与打印相关的习题,让你习惯写简单的东西,但简单的东西都有点儿无聊,现在该加快步伐了。我们现在要做的是把数据读到你的程序里去。这可能对你有点儿难,你可能一下子不明白,不过你要相信我,无论如何把习题做了再说。只要做几个习题你就明白了。

一般软件做的事情主要就是下面几件。

1. 接收输入的内容。
2. 改变输入的内容。
3. 打印出改变了的内容。

到目前为止你只做了打印,但还不会接收或者修改输入的内容。你也许还不知道"输入"是什么意思。所以闲话少说,我们还是开始做点儿习题看你能不能明白。下一个习题里我们会给你更多的解释。

ex11.py

```
1    print("How old are you?", end=' ')
2    age = input()
3    print("How tall are you?", end=' ')
4    height = input()
5    print("How much do you weight?", end=' ')
6    weight = input()
7
8    print(f"So, you're {age} old, {height} tall and {weight} heavy.")
```

警告 我在每行 print 后面加了 end=' ',告诉 print 不要用换行符结束这一行跑到下一行去。

应该看到的结果

```
$ python3.6 ex11.py
```

```
How old are you? 38
How tall are you? 6'2"
How much do you weight? 180lbs
So, you're 38 old, 6'2" tall and 180lbs heavy.
```

巩固练习

1. 上网查一下 Python 的 input 的功能是什么。
2. 你能找到它的其他用法吗？测试一下你上网搜到的例子。
3. 用类似的格式再写一段代码，在代码中提一些别的问题。

常见问题回答

如何读取用户输入的数并进行数学计算？

这个有点儿算高级话题了。试试 x = int(input())，它会从 input() 获取字符串形式的数值，然后用 int() 把它转换成整数。

我像 input("6'2")这样把身高写到原始输入中，但怎么不灵？

不应该写成这样，只有从命令行输入才可以。首先回去把代码写成和我的一模一样，然后运行脚本，当脚本暂停下来的时候，用键盘输入你的身高。这样做就可以了。

提示别人

键入 input() 的时候，你需要输入一个括号。这和你格式化输出两个以上变量时的情况有点儿类似，比如说 "{} {}".format(x, y) 里边就有括号。对 input 而言，你还可以让它显示一个提示符，从而告诉别人应该输入什么东西。你可以在()之间放入一个你想要作为提示的字符串，如下所示：

```
y = input("Name? ")
```

这句话会用"Name?"提示用户，然后将用户输入的结果赋值给变量 y。这就是我们提示用户并且得到答案的方式。

也就是说，我们的上一个习题可以用 input 重写一次。所有的提示都可以通过 input 实现。

ex12.py

```
1    age = input("How old are you? ")
2    height = input("How tall are you? ")
3    weight = input("How much do you weight? ")
4
5    print(f"So, you're {age} old, {height} tall and {weight} heavy.")
```

应该看到的结果

```
$ python3.6 ex12.py
How old are you? 38
How tall are you? 6'2"
How much do you weight? 180lbs
So, you're 38 old, 6'2" tall and 180lbs heavy.
```

巩固练习

1. 在终端上运行你的程序，然后在终端上输入 pydoc input 看它说了些什么。如果你用的是 Windows，那就试一下 python -m pydoc input。

2. 键入 q 退出 pydoc。

3. 上网查一下 pydoc 命令是用来做什么的。

4. 使用 pydoc 再看一下 open、file、os 和 sys 的含义。看不懂没关系，只要通读一下，记下你觉得有趣的知识点就行了。

常见问题回答

运行 pydoc 时我怎么遇到了 SyntaxError: invalid syntax？

你没有从命令行运行 pydoc，很可能是从 python 里运行的。退出 python 试试。

我的 pydoc 为什么不像你的那样会暂停？

有时帮助文档很短，一屏就显示完了，这时 pydoc 就不会暂停。

我运行 pydoc 时看到了 more is not recognized。

Windows 的有些版本中没有这个命令，也就是说你没法用 pydoc 了。跳过这些巩固练习，需要的时候，上网去搜索 Python 文档吧。

写成 print("How old are you?" , input()) 为什么不行？

可以，但 input() 的结果没有存到变量中，行为会很奇怪。试着这么写，然后打印出你输入的内容，看看能不能调试出这样不工作的原因。

参数、解包和变量

这 个习题中，我们将讲到另外一种将变量传递给脚本的方法（所谓脚本，就是你编写的.py 程序）。你已经知道，如果要运行 ex13.py，只要在命令行键入 python3.6 ex13.py 就可以了。这条命令中的 ex13.py 部分就是所谓的参数（argument），我们现在要做的就是写一个可以接收参数的脚本。

录入下面的程序，后面我会详细解释。

ex13.py

```
1    from sys import argv
2    # read the WYSS section for how to run this
3    script, first, second, third = argv
4
5    print("The script is called:", script)
6    print("Your first variable is:", first)
7    print("Your second variable is:", second)
8    print("Your third variable is:", third)
```

在第 1 行有一个 import 语句，这是将 Python 的特性引入脚本的方法。Python 不会一下子将它所有的特性给你，而是让你需要什么就调用什么。这样不但可以让你的程序保持很小，而且以后其他程序员读你的代码时，这些 import 也可以作为文档查阅。

argv 即所谓的参数变量（argument variable），这是一个非常标准的编程术语。在其他编程语言中也可以看到。这个变量保存着你运行 Python 脚本时传递给 Python 脚本的参数。通过后面的习题，你将对它有更多的了解。

第 3 行将 argv 解包（unpack），与其将所有参数放到同一个变量下面，不如将其赋值给 4 个变量：script、first、second 和 third。这也许看上去有些奇怪，不过"解包"可能是最好的描述方式了。它的含义很简单："把 argv 中的东西取出，解包，将所有的参数依次赋值给左边的这些变量。"

接下来就是正常的打印了。

等一下！"特性"还有另外一个名字

前面我们使用 import 让你的 Python 程序实现更多的特性，虽然我们称其为"特性"，但实际上没人把它称为"特性"。我希望你可以在没接触到正式术语的时候就弄懂它的功能。在继续学习之前，你需要知道它们的真正名称——模块（module）。

从现在开始我们将把这些导入（import）的特性称为模块。你将看到类似这样的说法："你需要把 sys 模块导入进来。"也有人将它们称作"库"（library），不过我们还是叫它们模块吧。

应该看到的结果

警告 之前你运行 Python 脚本都没有添加命令行参数，如果你只输入了 python3.6 ex13.py 那就错了。仔细看我是怎样运行它的。只要看到程序用到 argv，就要小心这一点。

像下面这样运行你的程序（注意，必须传递 3 个命令行参数）。

习题 13 会话

```
$ python3.6 ex13.py first 2nd 3rd
The script is called: ex13.py
Your first variable is: first
Your second variable is: 2nd
Your third variable is: 3rd
```

如果你每次使用不同的参数运行，你将看到下面这样的结果。

习题 13 会话

```
$ python3.6 ex13.py stuff things that
The script is called: ex13.py
Your first variable is: stuff
Your second variable is: things
Your third variable is: that
$
$ python3.6 ex13.py apple orange grapefruit
The script is called: ex13.py
Your first variable is: apple
Your second variable is: orange
Your third variable is: grapefruit
```

其实你可以将 first、2nd、3rd 替换成你想要的任意 3 样东西。

如果没有运行对，你将看到下面这样的错误。

习题 13 会话

```
$ python3.6 ex13.py first 2nd
Traceback (most recent call last):
  File "ex13.py", line 3, in <module>
    script, first, second, third = argv
ValueError: not enough values to unpack (expected 4, got 3)
```

如果运行脚本时提供的参数的个数不够，你就会看到上述出错消息（这次我只用了 first 2nd）。最后一行出错消息告诉你参数数量不足。

巩固练习

1. 给你的脚本少于 3 个参数，看看会得到什么出错消息，试着解释一下。
2. 再写两个脚本，其中一个接收更少的参数，另一个接收更多的参数，在参数解包时给它们取一些有意义的变量名。
3. 将 input 和 argv 一起使用，让脚本从用户那里得到更多的输入。不要想多了，只是用 argv 得到一些东西，用 input 从用户那里得到另外一些东西。
4. 记住，"模块"为你提供额外的特性。多读几遍，把"模块"这个词记住，因为后面还会用到它。

常见问题回答

运行程序时我遇到了 ValueError: not enough values to unpack。
记住，有一项很重要的技能是注重细节。如果你仔细阅读并且完整重复了"应该看到的结果"部分的命令参数，你就不会看到这样的出错消息了。你应该一字不差地重复我的运行方式。

argv 和 input() 有什么不同？
不同点在于用户输入的时机。如果参数是在用户执行命令时就要输入，那就用 argv，如果是在脚本运行过程中需要用户输入，那就用 input()。

命令行参数是字符串吗？
是的，就算你在命令行输入的是数字，你也需要用 int() 把它先转成整数，像 int(input()) 这样。

命令行该怎么使用？
这个你应该已经学会了才对。如果到现在你还没学会，就去看看附录吧。

argv 和 input() 怎么不能合起来用。
别想太多了。在脚本结尾加两行 input() 随便读取点儿用户输入，然后打印出来就行了，然后再慢慢在同一脚本中用各种方法摆弄这两样东西。

为什么 input('? ') = x 不灵？
因为你把它理解反了。照我的写就没问题了。

提示和传递

让我们使用 argv 和 input 一起来向用户提一些特别的问题。下一个习题你会学习如何读写文件,这个习题是下一个习题的基础。在这个习题中我们将用略微不同的方法使用 input,让它显示一个简单的>作为提示符。这和一些游戏中的方式类似,如《Zork》和《Adventure》这两款游戏。

ex14.py

```python
1   from sys import argv
2
3   script, user_name = argv
4   prompt = '> '
5
6   print(f"Hi {user_name}, I'm the {script} script.")
7   print("I'd like to ask you a few questions.")
8   print(f"Do you like me {user_name}?")
9   likes = input(prompt)
10
11  print(f"Where do you live {user_name}?")
12  lives = input(prompt)
13
14  print("What kind of computer do you have?")
15  computer = input(prompt)
16
17  print(f"""
18  Alright, so you said {likes} about liking me.
19  You live in {lives}.  Not sure where that is.
20  And you have a {computer} computer.  Nice.
21  """)
```

我们将用户提示符设置为变量 prompt,这样就不需要在每次用到 input 时反复输入提示用户的字符了。而且,如果要将提示符修改成别的字符串,只要改一个位置就可以了。非常顺手。

应该看到的结果

当运行这个脚本时,记住需要把你的名字赋给这个脚本,让 argv 参数接收到你的名字。

```
$ python3.6 ex14.py Zed
Hi Zed, I'm the ex14.py script.
I'd like to ask you a few questions.
Do you like me Zed?
> Yes
Where do you live Zed?
> San Francisco
What kind of computer do you have?
> Tandy 1000

Alright, so you said Yes about liking me.
You live in San Francisco.  Not sure where that is.
And you have a Tandy 1000 computer.  Nice.
```

巩固练习

1. 查一下《Zork》和《Adventure》是两款什么样的游戏。看看能不能下载到一版，然后玩玩看。
2. 将 prompt 变量改成完全不同的内容再运行一遍。
3. 给你的脚本再添加一个参数，并使用这个参数，格式和前一个习题中的 first, second = ARGV 一样。
4. 确认你弄懂了如何像 ex14.py 中最后一行 print 那样将 """ 风格的多行字符串与 {} 格式化工具结合起来。

常见问题回答

运行这段脚本时出现 SyntaxError: invalid syntax。
再说一次，你应该在命令行上而不是在 Python 环境中运行脚本。如果你先键入了 python 然后试图键入 python3.6 ex14.py Zed，就会出现这个错误，你这是在 Python 里运行 Python。关掉窗口，重新键入 python3.6 ex14.py Zed 即可。

修改提示符是什么意思？
看变量定义 prompt = '> '，将它改成一个不同的值。这个应该难不倒你，只是修改一个字符串而已，前面的 13 个习题都是关于字符串的，自己花时间搞定。

发生错误 ValueError: not enough values to unpack。
记得上次我说过，你应该到"应该看到的结果"部分重复我的动作。这里也需要你这么做，把精力集中到我如何键入该命令，以及为什么我提供了一个命令行参数。

怎样用 IDLE 运行这些代码？

别用 IDLE。

我可以用双引号定义 prompt 变量的值吗？

当然可以，试试看就知道了。

你有一台 Tandy 计算机？

我小时候有过。

运行这段脚本时出现 NameError: name 'prompt' is not defined。

要么拼错了 prompt，要么漏写了这一行。回去比较你写的和我写的，从最后一行开始直至第一行。只要看到这种错误，就说明可能发生了拼写错误，或者这个变量没有创建。

读取文件

习题 15

你已经学过了用 input 和 argv 获取用户输入，现在要学习读取文件了。你可能需要多多实践才能明白它的工作原理，所以你要细心做这个习题，并且仔细检查结果。处理文件需要非常仔细，如果不仔细的话，可能会把有用的文件弄坏或者清空。

这个习题涉及编写两个文件：一个正常的 ex15.py 文件，另外一个是 ex15_sample.txt。第二个文件并不是脚本，而是供你的脚本读取的文本文件。下面是该文本文件的内容：

```
This is stuff I typed into a file.
It is really cool stuff.
Lots and lots of fun to have in here.
```

我们要做的是用我们的脚本"打开"该文件，然后将其打印出来。然而，把文件名 ex15_sample.txt "写死"（hardcode）在代码中不是一个好主意，这些信息应该是用户输入的才对。如果我们遇到其他文件要处理，写死的文件名就会给你带来麻烦。解决方案是使用 argv 和 input，询问用户需要打开哪个文件，而不是在代码中写死文件名。

ex15.py

```
1    from sys import argv
2
3    script, filename = argv
4
5    txt = open(filename)
6
7    print(f"Here's your file {filename}:")
8    print(txt.read())
9
10   print("Type the filename again:")
11   file_again = input("> ")
12
13   txt_again = open(file_again)
14
15   print(txt_again.read())
```

这个脚本中有一些新奇的玩意儿，我们来快速地过一遍。

- 代码的第 1~3 行使用 argv 来获取文件名，这个你应该已经很熟悉了。在接下来的第 5 行我们使用了 open 这个新命令。现在请在命令行运行 pydoc open 来读读它的说明。你可以看到它和你的脚本或者 input 命令类似，它会接收一个参数，并且返回一个值，你可以将这个值赋给一个变量。这就是你打开文件的过程。

- 第 7 行我们打印了一小行，但在第 8 行我们看到了新奇的东西。我们在 txt 上调用了一个 read 函数。你从 open 获得的东西是一个 file（文件），文件本身也有一些你给它的命令。它接收命令的方式是使用句点（.），紧跟着你的命令名，然后再跟着类似 open 和 input 的参数。不同点是：当你说 txt.read() 时，你的意思其实是："嘿 txt！执行你的 read 命令，无须任何参数！"

脚本剩下的部分基本差不多，我就把剩下的分析作为巩固练习留给你吧。

应该看到的结果

警告 注意！之前你运行脚本只需要脚本名称，现在你用了 argv，就要添加参数了。看看下面示例的第一行，你就会看到我用了 python3.6 ex15.py ex15_sample.txt 来运行程序，脚本名称后面多了一个 ex15_sample.txt 参数，如果没有这个参数，你就会看到出错消息。这里一定要注意！

我创建了一个名为 ex15_sample.txt 的文件，并运行我的脚本。

习题 15　会话

```
$ python3.6 ex15.py ex15_sample.txt
Here's your file ex15_sample.txt:
This is stuff I typed into a file.
It is really cool stuff.
Lots and lots of fun to have in here.

Type the filename again:
> ex15_sample.txt
This is stuff I typed into a file.
It is really cool stuff.
Lots and lots of fun to have in here.
```

巩固练习

这个习题跨越有点儿大，所以要尽量做好这个习题的巩固练习，然后再继续学习后面的内容。

1. 为每一行加上注释，说明这一行的用途。
2. 如果你不确定答案，就问别人，或者上网搜索。大部分时候，只要搜索"python 3"加上你要搜的东西就能得到你要的答案。比如，搜索一下"python 3 open"。

3. 这里我使用了"命令"这个词，不过实际上它们也叫"函数"（function）和"方法"（method）。本书的后面部分你会学到关于函数和方法的更多知识。

4. 删掉第 10~15 行用到 input 的部分，再运行一遍脚本。

5. 只用 input 写这个脚本，想想哪种获取文件名称的方法更好，为什么。

6. 再次运行 python3.6，在提示符下使用 open 打开一个文件。注意这种在 python 里边打开文件执行 read 的方式。

7. 让你的脚本针对 txt 和 txt_again 变量也调用一下 close()。处理完文件后需要将其关闭，这是很重要的一点。

常见问题回答

txt = open(filename) 返回的是文件的内容吗？

不是，它返回的是一个叫"文件对象"（file object）的东西，你可以把它想象成 20 世纪 50 年代的大型计算机上可以见到的古老的磁带机或者现代的 DVD 机。你可以在其内部任意移动，然后读取它们，不过这个文件对象并不是它的内容。

我没法像你在巩固练习 7 中说的那样在我的 Terminal/PowerShell 命令行下录入 Python 代码。

首先，在命令行键入 python3.6，然后按回车键。现在你就在 python3.6 环境中了。接下来你就可以录入并运行一行一行的代码。试着玩玩，如果想退出就键入 quit() 再按回车键。

为什么打开文件两次不会报错？

Python 不会限制让你只打开一次文件，有时候多次打开同一文件也是必需的。

from sys import argv 是什么意思？

现在能告诉你的是，sys 是一个软件包，这句话的意思是从该软件包中取出 argv 这个特性。后面你会学到更多相关的知识。

我把文件名写进去，写成 script, ex15_sample.txt = argv，不过这样不灵。

这么做是错的。把代码写成和我的一模一样，然后照着我的方式从命令行运行它。你不需要把文件名放到代码中，而是让 Python 把文件名当成参数接纳进去。

读写文件

如果你做了上一个习题的巩固练习，应该已经了解各种与文件相关的命令（方法/函数）。下面这些是我想让你记住的命令。

- **close**：关闭文件。跟你的编辑器中的"文件"→"保存"是一个意思。
- **read**：读取文件的内容。你可以把结果赋给一个变量。
- **readline**：只读取文本文件中的一行。
- **truncate**：清空文件，请小心使用该命令。
- **write('stuff')**：将"stuff"写入文件。
- **seek(0)**：将读写位置移动到文件开头。

记住这些函数的一种方法是，把读取文件想象成读取一张唱片、卡带、CD 或者 DVD。在早些年，数据是存在这类介质上的，这类介质要求线性读写，所以很多文件操作也是这样的。磁带和 DVD 驱动器需要搜索（seek）某个特定位置，然后你就可以从那个位置开始读写。今天我们的操作系统和文件系统已经模糊了随机访问存储和磁盘之间的界限，但我们依然在用旧时磁带的磁头读写的思路来操作文件。

这是你现在应该知道的重要命令。有些命令需要接收参数，但我们并不真的关心这些。你只要记住 write 的用法就可以了。write 需要接收一个字符串作为参数，从而将该字符串写入文件。

让我们来使用这些命令做一个简单的文本编辑器吧。

ex16.py

```
1    from sys import argv
2
3    script, filename = argv
4
5    print(f"We're going to erase {filename}.")
6    print("If you don't want that, hit CTRL-C (^C).")
7    print("If you do want that, hit RETURN.")
8
9    input("?")
10
11   print("Opening the file...")
12   target = open(filename, 'w')
13
14   print("Truncating the file.  Goodbye!")
```

```
15    target.truncate()
16
17    print("Now I'm going to ask you for three lines.")
18
19    line1 = input("line 1: ")
20    line2 = input("line 2: ")
21    line3 = input("line 3: ")
22
23    print("I'm going to write these to the file.")
24
25    target.write(line1)
26    target.write("\n")
27    target.write(line2)
28    target.write("\n")
29    target.write(line3)
30    target.write("\n")
31
32    print("And finally, we close it.")
33    target.close()
```

　　这个文件很大，大概是你录入过的最大的文件。所以慢慢来，仔细检查，让它能运行起来。有一个小技巧就是，你可以让你的脚本一部分一部分地运行起来。先让第 1~8 行运行起来，再多运行 5 行，再接着多运行几行，依此类推，直到整个脚本运行起来为止。

应该看到的结果

　　你将看到两样东西，第一样是你的新脚本的输出，具体如下。

```
$ python3.6 ex16.py test.txt
We're going to erase test.txt.
If you don't want that, hit CTRL-C (^C).
If you do want that, hit RETURN.
?
Opening the file...
Truncating the file.  Goodbye!
Now I'm going to ask you for three lines.
line 1: Mary had a little lamb
line 2: It's fleece was white as snow
line 3: It was also tasty
I'm going to write these to the file.
And finally, we close it.
```

　　接下来打开你新建的文件（我的是 test.txt），检查一下里边的内容，怎么样，不错吧？

巩固练习

1. 如果你觉得自己没有弄懂，用我们的老办法，在每一行之前加上注释，为自己理清思路。一条简单的注释将帮你理解，或者至少让你知道自己究竟哪里没弄明白需要多下功夫。

2. 写一段与上一个习题类似的脚本，使用 read 和 argv 读取你刚才新建的文件。

3. 这个文件中重复的地方太多了。试着用一个 target.write() 将 line1、line2 和 line3 打印出来，替换掉原来的 6 行代码。你可以使用字符串、格式化字符和转义字符。

4. 找出需要给 open 多传入一个 'w' 参数的原因。提示：open 对文件的写入操作态度是安全第一，所以只有特别指定以后，它才会进行写入操作。

5. 如果你用 'w' 模式打开文件，那么你是不是还需要 target.truncate() 呢？阅读一下 Python 的 open 函数的文档找找答案。

常见问题回答

如果用了 'w' 参数，truncate() 还是必需的吗？
看看巩固练习 5。

'w' 是什么意思？
它只是一个只有一个字符的特殊字符串，用来表示文件的访问模式。如果你用了 'w'，那么你的文件就是"写入"（write）模式。除 'w' 以外，我们还有 'r' 表示"读取"（read），'a' 表示"追加"（append）。

在文件模式中可以使用哪些修饰符？
当前最重要的一个是+修饰符，你可以用它来实现 'w+'、'r+' 和 'a+'。这样可以把文件用同时读写的方法打开，并根据使用的字符，以不一样的方式实现文件的定位。

如果只写 open(filename)，那就使用 'r'（只读）模式打开吗？
是的，这是 open() 函数的默认行为。

更多文件操作

现在再学习几种文件操作。我们将编写一个 Python 脚本，将一个文件中的内容复制到另外一个文件中。这个脚本很短，但它会让你对文件操作有更多的了解。

ex17.py

```
1    from sys import argv
2    from os.path import exists
3
4    script, from_file, to_file = argv
5
6    print(f"Copying from {from_file} to {to_file}")
7
8    # we could do these two on one line, how?
9    in_file = open(from_file)
10   indata = in_file.read()
11
12   print(f"The input file is {len(indata)} bytes long")
13
14   print(f"Does the output file exist? {exists(to_file)}")
15   print("Ready, hit RETURN to continue, CTRL-C to abort.")
16   input()
17
18   out_file = open(to_file, 'w')
19   out_file.write(indata)
20
21   print("Alright, all done.")
22
23   out_file.close()
24   in_file.close()
```

你应该很快注意到了，我们导入了又一个很好用的命令 exists。这个命令将文件名字符串作为参数，如果文件存在的话，它将返回 True；否则将返回 False。在本书的下半部分，我们将使用这个函数做很多的事情，但现在你应该学会怎样通过 import 导入它。

使用 import，你可以在自己的代码中直接使用其他更厉害的（通常是这样，不过也不尽然）程序员写的大量免费代码，这样你就不需要重写一遍了。

应该看到的结果

和你前面写的脚本一样，运行该脚本需要两个参数：一个是待复制的文件，另一个是要复制到的文件。我将使用简单的名为 test.txt 的测试文件，将看到如下结果。

```
$ # first make a sample file
$ echo "This is a test file." > test.txt
$ # then look at it
$ cat test.txt
This is a test file.
$ # now run our script on it
$ python3.6 ex17.py test.txt new_file.txt
Copying from test.txt to new_file.txt
The input file is 81 bytes long
Does the output file exist? False
Ready, hit RETURN to continue, CTRL-C to abort.

Alright, all done.
```

该命令对任何文件都应该是有效的。试试操作一些别的文件，看看结果如何。不过，小心别把你的重要文件给弄坏了。

> **警告** 我用 echo 创建了文件，又用 cat 这个命令显示了文件的内容，你看到了吗？你可以从附录中学到如何做到这一点。

巩固练习

1. 这个脚本实在是烦人。没必要在做复制之前问你，也没必要在屏幕上输出那么多东西。试着删掉脚本的一些特性，让它用起来更加友好。
2. 看看你能把这个脚本改多短，我可以把它变成一行。
3. 在"应该看到的结果"中我使用了一个叫 cat 的东西，这个古老的命令的用途是将两个文件"拼接"（concatenate）到一起，不过实际上它最大的用途是打印文件内容到屏幕上。你可以通过 man cat 命令了解到更多信息。
4. 找出为什么需要在代码中写 out_file.close()。
5. 阅读一下与 Python 的 import 语句相关的内容，打开 python 测试一下。试着导入一些东西，看看你能不能弄对，弄不对也没关系。

常见问题回答

为什么'w'要放在引号中?

因为这是一个字符串,你已经学过一阵子字符串了,确定自己真的知道什么是字符串。

不可能把这写在一行里!

取决于你的行是怎么定义的。提示:That ; depends ; on ; how ; you ; define ; one ; line ; of ; code.

我觉得这个习题很难,这个是正常现象吗?

是的,再正常不过了。也许在你看到习题 36 之前,甚至读完整本书之后,编程对你来说都还是一件很难的事情。每个人的情况不一样,坚持读书做练习,有问题的地方多研究,总会弄明白的。要有耐心。

len()函数的功能是什么?

它会以数值的形式返回你传递的字符串的长度。试试吧。

我在试图把脚本写短时,在最后关闭该文件时出现了一个错误。

很可能是你写了 indata = open(from_file).read(),这意味着,在到达脚本结尾的时候,你无须再运行 in_file.close()了,因为 read()一旦运行,文件就会被 Python 关掉。

我遇到了 Syntax:EOL while scanning string literal 错误。

可能在字符串结尾你忘记加引号了,仔细检查那行看看。

命名、变量、代码和函数

标题包含的内容够多的吧？接下来我要教你函数（function）了！说到函数，不同的程序员会有不一样的理解和使用方法，不过我只会教你现在能用到的最简单的使用方法。

函数可以做以下 3 件事。

1. 它们给代码段命名，就跟变量给字符串和数值命名一样。
2. 它们可以接收参数，就跟你的脚本接收 argv 一样。
3. 利用上面的 1 和 2，它们可以让你创建"迷你脚本"或者"小命令"。

可以使用 def 创建函数。我将让你创建 4 个不同的函数，它们工作起来像你的脚本一样，然后我会给你演示各个函数之间的关系。

ex18.py

```
1   # this one is like your scripts with argv
2   def print_two(*args):
3       arg1, arg2 = args
4       print(f"arg1: {arg1}, arg2: {arg2}")
5
6   # ok, that *args is actually pointless, we can just do this
7   def print_two_again(arg1, arg2):
8       print(f"arg1: {arg1}, arg2: {arg2}")
9
10  # this just takes one argument
11  def print_one(arg1):
12      print(f"arg1: {arg1}")
13
14  # this one takes no arguments
15  def print_none():
16      print("I got nothin'.")
17
18
19  print_two("Zed","Shaw")
20  print_two_again("Zed","Shaw")
21  print_one("First!")
22  print_none()
```

让我们详解一下第一个函数 print_two，这个函数和你写脚本的方式差不多，因此看上去应该会觉着比较眼熟。

1. 首先我们告诉 Python 我们想使用 def 命令创建一个函数，也就是定义（define）的意思。

2. 紧挨着 def 的是函数的名字。本例中它的名字是 print_two，但名字可以随便取，叫 peanuts 也没关系，但最好函数名能够体现出函数的功能。

3. 然后告诉函数，我们需要*args，这和脚本的 argv 非常相似，参数必须放在圆括号（()）中才能正常工作。

4. 接着用冒号（:）结束这一行，然后开始下一行缩进。

5. 冒号以下，使用 4 个空格缩进的行都是属于 print_two 这个函数的内容。其中第一行的作用是将参数解包，这和脚本参数解包的原理差不多。

6. 为了演示它的工作原理，我们把解包后的每个参数都打印出来，这和我们在之前脚本习题中所做的类似。

函数 print_two 的问题是：它并不是创建函数最简单的方法。在 Python 中，可以跳过整个参数解包的过程，直接使用()里边的名称作为变量名。这就是 print_two_again 实现的功能。

接下来的例子是 print_one，它演示了函数如何接收一个参数。

最后一个例子是 print_none，它演示了函数可以不接收任何参数。

警告 这一点非常重要：如果你不太能看懂上面的内容也别气馁，后面还有更多的习题将函数和脚本联系在一起，展示如何创建和使用函数。现在你只要把函数理解成"迷你脚本"，多多尝试就可以了。

应该看到的结果

运行上面的脚本，会看到如下结果。

习题 18 会话

```
$ python3.6 ex18.py
arg1: Zed, arg2: Shaw
arg1: Zed, arg2: Shaw
arg1: First!
I got nothin'.
```

你应该已经明白函数是怎样工作的了。这些函数的用法和以前见过的 exists、open 及别的"命令"有点儿类似吧？其实我只是为了让你容易理解才叫它们"命令"，在 Python 中命令其实本质上就是函数。也就是说，你也可以在自己的脚本中创建和使用自己的"命令"。

巩固练习

为自己写一个函数注意事项以供后续参考。你可以写在一个索引卡片上随时阅读，直到你做完剩余的习题或者你觉得不再需要这些索引卡片为止。具体注意事项如下。

1. 函数定义是以 def 开始的吗？
2. 函数名是只由字符和下划线_组成的吗？
3. 函数名后是不是紧跟着括号(？
4. 括号里是否包含参数且多个参数以逗号隔开？
5. 参数名称是否可重复？（不能使用重复的参数名。）
6. 紧跟着参数的是不是括号和冒号？
7. 紧跟着函数定义的代码是否使用了 4 个空格的缩进？不能多，也不能少。
8. 函数结束的位置是否取消了缩进？

运行（使用或调用）一个函数时，记住检查下面的要点。

1. 调用函数时是否使用了函数名？
2. 函数名是否紧跟着 (字符？
3. 括号内是否放了你想要的值并以逗号隔开？
4. 函数调用是否以) 字符结尾？

按照上述两份检查表里的内容检查余下的习题，直到你不需要这些检查表为止。

最后，将下面这句话读几遍："运行函数、调用函数和使用函数是同一个意思。"

常见问题回答

函数命名有什么规则？

和变量名一样，只要以字母、数字以及下划线组成，而且不是以数字开始，就可以了。

*args 里的*是什么意思？

它的功能是告诉 Python 把函数的所有参数都接收进来，然后放到名叫 args 的列表中去。和一直在用的 argv 差不多，只不过前者是用在函数上。如果没什么特殊需要，我们一般不会经常用到这个东西。

这些任务好枯燥、好无聊啊。

你这么感觉就对了，说明你有进步了。你能明白代码的功用，而且写错代码的情况在你身上很少发生了。为了让任务不那么无聊，可以试着故意写错一些东西，看看会发生什么事情。

函数和变量

函数这个概念也许承载了太多的信息量，不过别担心。只要你坚持做这些习题，对照上一个习题中的检查表检查一遍这个习题，最终会明白这些内容的。

你可能没有注意到一个细节，我们现在强调一下：函数里的变量和脚本里的变量之间是没有联系的。下面这个习题可以让你对这一点有更多的思考。

ex19.py

```
1   def cheese_and_crackers(cheese_count, boxes_of_crackers):
2       print(f"You have {cheese_count} cheeses!")
3       print(f"You have {boxes_of_crackers} boxes of crackers!")
4       print("Man that's enough for a party!")
5       print("Get a blanket.\n")
6
7
8   print("We can just give the function numbers directly:")
9   cheese_and_crackers(20, 30)
10
11
12  print("OR, we can use variables from our script:")
13  amount_of_cheese = 10
14  amount_of_crackers = 50
15
16  cheese_and_crackers(amount_of_cheese, amount_of_crackers)
17
18
19  print("We can even do math inside too:")
20  cheese_and_crackers(10 + 20, 5 + 6)
21
22
23  print("And we can combine the two, variables and math:")
24  cheese_and_crackers(amount_of_cheese + 100, amount_of_crackers + 1000)
```

这段代码展示了给函数 cheese_and_crackers 传递值的各种方式，函数会将传入的值打印出来。我们可以直接给函数传递数字，也可以给它变量，还可以给它数学表达式，甚至可以把数学表达式和变量组合起来用。

从一方面来说，函数的参数和生成变量时用的=与赋值符类似。事实上，如果一个物件可以用=对其命名，通常也可以将其作为参数传递给一个函数。

应该看到的结果

你应该研究一下脚本的输出，和你想象的结果对比一下，看有什么不同。

```
$ python3.6 ex19.py
We can just give the function numbers directly:
You have 20 cheeses!
You have 30 boxes of crackers!
Man that's enough for a party!
Get a blanket.

OR, we can use variables from our script:
You have 10 cheeses!
You have 50 boxes of crackers!
Man that's enough for a party!
Get a blanket.

We can even do math inside too:
You have 30 cheeses!
You have 11 boxes of crackers!
Man that's enough for a party!
Get a blanket.

And we can combine the two, variables and math:
You have 110 cheeses!
You have 1050 boxes of crackers!
Man that's enough for a party!
Get a blanket.
```

巩固练习

1. 倒着将脚本读完，在每一行上面添加一条注释，说明这一行的作用。
2. 从最后一行开始，倒着读每一行，读出所有的重要字符来。
3. 自己编写至少一个函数出来，然后用 10 种不同的方式运行这个函数。

常见问题回答

怎么能有 10 种不同的方式运行一个函数呢？
信不信由你，理论上有无穷多种方式运行一个函数。使用函数、变量和用户输入，看看你能变出多少花样。

有没有办法可以分析这个函数的功能，以便我能更好地理解？

有很多办法，最简单的一个办法是在每一行代码上面添加注释，另外一个办法是大声朗读代码，还有一个办法就是把代码打印出来，用笔画一些图示，并写一些注释说明其功能。

怎样处理用户输入的数字？例如，我想让用户输入 `cracker` 和 `cheese` 的数量，该怎么办？

记住，使用 `int()` 把 `input()` 的值转换为整数。

创建 `amount_of_cheese` 变量会不会改变函数中的变量 `cheese_count`？

不会。这些变量是在函数之外的，当它们被传递到函数中以后，函数会为这些变量创建一些临时的版本，当函数运行结束后，这些临时变量就会被丢弃了，一切又回到了之前。继续阅读本书，后面你会更清楚这些概念。

把全局变量（如 `amount_of_cheese`）的名称和函数变量的名称取成一样的，这样做是不是不好？

是的，因为这样的话你就无法确定哪个是哪个了。有时候你可能必须使用同一个变量名，有时候你可能不小心使用了一样的变量名，无论如何，只要有可能，还是尽量避免变量的名称相同。

函数的参数个数有限制吗？

取决于 Python 的版本和所用的操作系统，不过就算有限制，限值也是很大的。实际应用中，5 个参数就不少了，再多就会让人头疼了。

可以在函数中调用函数吗？

可以。本书的后面会用这一技巧写一个游戏。

函数和文件

忆一下函数的要点，然后一边做这个习题，一边注意一下函数和文件是如何在一起协作发挥作用的。

ex20.py

```python
1    from sys import argv
2
3    script, input_file = argv
4
5    def print_all(f):
6        print(f.read())
7
8    def rewind(f):
9        f.seek(0)
10
11   def print_a_line(line_count, f):
12       print(line_count, f.readline())
13
14   current_file = open(input_file)
15
16   print("First let's print the whole file:\n")
17
18   print_all(current_file)
19
20   print("Now let's rewind, kind of like a tape.")
21
22   rewind(current_file)
23
24   print("Let's print three lines:")
25
26   current_line = 1
27   print_a_line(current_line, current_file)
28
29   current_line = current_line + 1
30   print_a_line(current_line, current_file)
31
32   current_line = current_line + 1
33   print_a_line(current_line, current_file)
```

特别注意一下，每次运行 print_a_line 时，我们是怎样传递当前的行号信息的。

应该看到的结果

```
$ python3.6 ex20.py test.txt
First let's print the whole file:

This is line 1
This is line 2
This is line 3

Now let's rewind, kind of like a tape.
Let's print three lines:
1 This is line 1

2 This is line 2

3 This is line 3
```

巩固练习

1. 为每一行加上注释，以便理解这一行的作用。
2. 每次 print_a_line 运行时，你都传递了一个叫 current_line 的变量。每次调用函数时，打印出 current_line 的值，跟踪一下它在 print_a_line 中是怎样变成 line_count 的。
3. 找出脚本中每一个用到函数的地方。检查 def 一行，确认参数没有用错。
4. 上网研究一下 file 中的 seek 函数是做什么用的。试着运行 pydoc file，看看能不能学到更多。然后试一下 pydoc file.seek，看看 seek 是做什么用的。
5. 研究一下 += 这个简写操作符的作用。重写这个脚本，在里边用一下这个操作符。

常见问题回答

print_all 和其他函数里的 **f** 是什么?

和习题 18 里的一样，f 只是一个变量而已，不过在这里它指的是一个文件。Python 里的文件就和老式磁带机或者 DVD 播放机差不多。它有一个用来读取数据的"磁头"，你可以通过这个"磁头"来操作文件。每次运行 f.seek(0) 就回到了文件的开始，而运行 f.readline()

则会读取文件的一行，然后将"磁头"移动到\n后面。后面会有更详细的解释。

为什么 seek(0) 没有把 current_line 设为 0？

首先 seek() 函数的处理对象是字节而非行，所以 seek(0) 只是转到文件的 0 字节（也就是第一个字节）的位置。其次，current_line 只是一个独立变量，和文件本身没有任何关系，我们只能手动为其增值。

+=是什么？

英语里边 it is 可以写成 it's，you are 可以写成 you're，这叫简写。而+=这个操作符是把=和+简写到一起了。x += y 的意思和 x = x + y 是一样的。

readline() 是怎么知道每一行在哪里的？

readline() 里边的代码会扫描文件的每一个字节，直到找到一个 \n 为止，然后它停止读取文件，并且返回此前发现的文件内容。文件 f 会记录每次调用 readline() 后的读取位置，这样它就可以在下次被调用时读取接下来的一行了。

为什么文件里会有间隔空行？

readline() 函数返回的内容中包含文件本来就有的\n，而 print 在打印时又会添加一个\n，这样一来就会多出一个空行了。解决方法是在 print 函数中多加一个参数 end=""，这样 print 就不会为每一行多打印\n 出来了。

函数可以返回某些东西

你已经学过使用=给变量命名，以及将变量定义为某个数值或者字符串。接下来我们将让你见证更多奇迹。我们要演示的是如何使用=以及一个 Python 新词 return 来将变量设置为"一个函数的值"。有一点需要特别注意，不过我们暂且不讲，先录入下面的脚本吧。

ex21.py

```python
def add(a, b):
    print(f"ADDING {a} + {b}")
    return a + b

def subtract(a, b):
    print(f"SUBTRACTING {a} - {b}")
    return a - b

def multiply(a, b):
    print(f"MULTIPLYING {a} * {b}")
    return a * b

def divide(a, b):
    print(f"DIVIDING {a} / {b}")
    return a / b


print("Let's do some math with just functions!")

age = add(30, 5)
height = subtract(78, 4)
weight = multiply(90, 2)
iq = divide(100, 2)

print(f"Age: {age}, Height: {height}, Weight: {weight}, IQ: {iq}")


# A puzzle for the extra credit, type it in anyway.
print("Here is a puzzle.")

what = add(age, subtract(height, multiply(weight, divide(iq, 2))))

print("That becomes: ", what, "Can you do it by hand?")
```

现在我们创建了自己的加、减、乘、除 4 个数学函数，即 add、subtract、multiply 和 divide。重要的是函数的最后一行，如 add 的最后一行是 return a + b，它实现以下几项功能。

1. 我们调用函数时使用了两个参数，即 a 和 b。
2. 我们打印出这个函数的功能，这里就是计算加法（ADDING）。
3. 接下来我们让 Python 做某个回传的动作：我们返回 a + b 的值。或者可以这么说："我将 a 和 b 加起来，再把结果返回。"
4. Python 将两个数相加，然后当函数结束的时候，它就可以将 a + b 的结果赋给一个变量。

和本书里的很多其他东西一样，你要慢慢消化这些内容，一步一步执行下去，试着追踪一下究竟发生了什么。为了帮助你理解，本节的巩固练习将让你解决一个谜题，让你学点儿比较酷的东西。

应该看到的结果

习题 21　会话

```
$ python3.6 ex21.py
Let's do some math with just functions!
ADDING 30 + 5
SUBTRACTING 78 - 4
MULTIPLYING 90 * 2
DIVIDING 100 / 2
Age: 35, Height: 74, Weight: 180, IQ: 50.0
Here is a puzzle.
DIVIDING 50.0 / 2
MULTIPLYING 180 * 25.0
SUBTRACTING 74 - 4500.0
ADDING 35 + -4426.0
That becomes:  -4391.0 Can you do it by hand?
```

巩固练习

1. 如果你不是很确定 return 的功能，试着自己写几个函数，让它们返回一些值。你可以将任何可以放在=右边的东西作为一个函数的返回值。
2. 这个脚本的结尾是一个谜题。我将一个函数的返回值用作了另外一个函数的参数。我将它们链接到了一起，以便我能用函数创建一个公式。这样可能有些难度，不过运行

一下你就知道结果了。接下来，你需要试试看能不能找出正常的公式来重新创建同样
一组运算。

3. 一旦你有了解决这个谜题的公式，试着修改一下函数里的某些部分，然后看一下会发
生什么情况。你可以有目的地修改它，让它输出另外一个值。

4. 颠倒过来做一次。写一个简单的公式，一样使用函数来计算它。

这个习题可能会让你有些头大，不过还是慢慢来，把它当作一个小游戏，解决这样的谜题
正是编程的乐趣之一。后面我还会给你出更多类似的小谜题。

常见问题回答

为什么 Python 会把函数或公式倒着打印出来？

其实不是倒着打印，而是由内向外打印。如果你把函数分解为公式和函数调用，你会发现
它的工作原理。试着搞清楚为什么说它是"由内向外"而不是"倒着"。

怎样使用 `input()` 输入自己的值？

记得 int(input()) 吧？不过这样也有一个问题，那就是无法输入浮点数，所以可以试着
使用 float(input())。

你说的"写一个公式"是什么意思？

来个简单的例子：24 + 34 / 100 - 1023。把它转换成使用函数的形式。然后自己想
一些数学等式，像公式一样用变量写出来。

到现在为止你学到了什么

这 个习题以及下一个习题中不会有任何代码，所以也不会有"应该看到的结果"或者"巩固练习"。其实这个习题可以说是一个大的巩固练习。我将让你完成一个表格，回顾一下到现在为止你已经学到的所有知识。

首先，回到每一个习题的脚本里，把你遇到的每一个词和每一个符号（字符的别名）写下来。确保你的符号列表是完整的。

接下来，在每一个关键字和符号后面写出它的名字，并说明它的作用。如果你在书里找不到符号的名字，就上网找一下。如果你不知道某个关键字或者符号的作用，就去阅读相关内容，并且在代码中测试一下它们的用法。

你也许会遇到一些无论如何找不到答案的东西，把这些记在列表里，它可以提示你还有哪些东西自己不懂，等下次遇到的时候，你就不会轻易跳过了。

你的列表做好以后，再花几天时间重写一遍这份列表，确认里边的东西都是正确的。你可能觉得这很无聊，不过你还是需要坚持完成这项任务并理解所有内容。

等你记住了这份列表中的所有内容，就试着把这份列表默写一遍。如果发现自己漏掉或者忘记了某些内容，就回去再记一遍。

警告 做这个习题最重要的一点是："没有失败，只有尝试。"

学到的东西

这种记忆练习是枯燥无味的，所以知道它的意义很重要。它会让你明确目标，让你知道自己所有努力的目的。

在这个习题中你学会的是各种符号的名称，这样读代码对你来说就会更加容易。这和学英语时记字母表和基本单词的意思是一样的，不同的是 Python 中会有一些你不熟悉的符号。

慢慢做，别让它成为负担。这些符号对你来说应该比较熟悉，所以记住它们应该不是很费力。你可以一次花 15 分钟，然后休息一下。劳逸结合可以学得更快，而且可以保持士气。

字符串、字节串和字符编码

要完成这个习题，你需要去下载我写的一个 languages.txt 文件（下载链接是 https://learn pythonthehardway.org/python3/languages.txt），这个文件里包含了一系列的人类语言，我会用它演示一些有趣的概念。

1. 现代计算机如何存储人类语言，并进行显示或者处理。Python 3 将其称为字符串（string）。
2. 如何把 Python 的字符串编码和解码为一个叫字节串（bytes）的类型。
3. 如何处理在字符串和字节处理中出现的错误。
4. 如何阅读代码，弄明白你看到的新东西。

除此之外，你还会简单接触到 Python 3 的 if 语句和列表，处理列表时会用到它们。你不需要立即掌握这一代码或理解这些概念，后面的习题中会有足够多的练习给你。现在只要感受一下未来，然后学好上面列出的 4 条就好。

警告 这个习题难度较大！里边有很多你要弄懂信息，而且都是计算机的深层知识。这个习题很复杂，因为 Python 的字符串本来就比较复杂难用。我建议你慢慢做这一习题。写下所有不懂的概念，然后搜索和研究一下。如果必须的话，一次看一段也可以。学习这一习题的时候，你也可以同步继续别的习题，所以也不用卡在这里。一次学习一点儿就好，多长时间学完都可以。

初始研究

我会教你如何钻研代码，找出其中的秘密。这里的代码需要 languages.txt 文件，所以一定要先下载它。languages.txt 里包含了一系列的人类语言的名称，编码格式是 UTF-8。

ex23.py

```
1   import sys
2   script, encoding, error = sys.argv
3
4
5   def main(language_file, encoding, errors):
6       line = language_file.readline()
```

```
 7
 8        if line:
 9            print_line(line, encoding, errors)
10            return main(language_file, encoding, errors)
11
12
13    def print_line(line, encoding, errors):
14        next_lang = line.strip()
15        raw_bytes = next_lang.encode(encoding, errors = errors)
16        cooked_string = raw_bytes.decode(encoding, errors = errors)
17
18        print(raw_bytes, "<===>", cooked_string)
19
20
21    languages = open("languages.txt", encoding = "utf-8")
22
23    main(languages, encoding, error)
```

把你从没见过的东西都写下来，新东西不少，所以多看几遍这个文件。

看完后就运行一下这个 Python 脚本。图 23-1 中给出了我用于测试这一脚本的命令。

```
● ● ●                    python — bash — 80×24
$ python3.6 ex23.py utf-8 strict
b'Afrikaans' <===> Afrikaans
b'\xe1\x8a\xa0\xe1\x88\x9b\xe1\x88\xad\xe1\x8a\x9b' <===> አማርኛ
b'\xd0\x90\xd2\xa7\xd1\x81\xd1\x88\xd3\x99\xd0\xb0' <===> Аҧсшәа
b'\xd8\xa7\xd9\x84\xd8\xb9\xd8\xb1\xd8\xa8\xd9\x8a\xd8\xa9' <===> العربية
b'V\xc3\xb5ro' <===> Võro
b'\xe6\x96\x87\xe8\xa8\x80' <===> 文言
b'\xe5\x90\xb4\xe8\xaf\xad' <===> 吴语
b'\xd7\x99\xd7\x99\xd6\xb4\xd7\x93\xd7\x99\xd7\xa9' <===> ייִדיש
b'\xe4\xb8\xad\xe6\x96\x87' <===> 中文
$ █
```

图 23-1

警告　你可能注意到了，这里我用了图片来展示你将看到的结果。测试以后，我发现很多人的计算机配置没法显示 UTF-8，我使用图片是为了让你看到期望的结果是什么。我写书用的 LaTeX 系统也无法处理这些编码，所以我只好用图片了。如果你在终端看不到对应的东西，就说明你的终端没法显示 UTF-8，你应该试着看能不能修好。

这些示例用了 utf-8、utf-16 以及 big5 编码来演示这种转换以及会遇到的错误类型。前面这些名称在 Python 中叫"codec"，但作为函数参数叫"encoding"（编码）。在这个习题的最后还列了一些你可以尝试的其他编码类型。后面我会很快讲到这些输出的含义。这里只是给你一个大体的概念，以便日后讨论。

运行几次，然后看看你的符号列表，猜一下你记录的这些东西分别是干什么用的。写下你的猜测结果，然后上网查一下，看看你有没有猜对。如果你不知道如何搜索也没关系，试试就好。

开关、约定和编码

解释代码之前，你要先学一些计算机存储数据的基本知识。现代计算机极其复杂，不过简单讲，它们根本上就是一个巨大的开关阵列。计算机用电来触发这些开关的开启或关闭。这些开关用 1 表示开，用 0 表示关。过去还有一些奇怪的计算机，它们会用到 1 和 0 之外的更多状态，但现在的计算机只用 1 和 0。1 表示有电、开启、接通，0 表示没电、关闭、切断。我们称这些 1 和 0 为 "位"（bit）。

如果让你用 1 和 0 与计算机打交道，那是极其低效，极其烦人的。计算机用这些 1 和 0 来编码出更大的数字。在小的一头，计算机会使用 8 位来编码 256 个数字（0～255）。编码是什么意思？位序列要以一定的标准表示数字，编码就是一种大家都认同的转换标准。这是我们人类搞出的一个习惯用法，用 00000000 表示 0，用 11111111 表示 255，用 00001111 表示 15。早期人们有各种各样的标准，为了达成统一，还产生过很大的争斗。

今天我们用 "字节"（byte）表示一个 8 位（0 和 1）的序列。过去大家对字节的定义各不相同，所以直到今天，你还有可能碰到有人认为字节可以表示 9 位、7 位、6 位的各种序列，但我们只用它表示 8 位序列。这是我们的约定，这一约定定义了我们的字节编码。还有一些约定用来表示更大的数字，会用到 16 位、32 位、64 位，甚至更长的序列。甚至还存在各种标准组织，他们只干一件事，就是争论这些约定，然后把它们作为编码实施起来，最终让它们实现开关的通断。

有了字节，确定了数字和字母之间的对应关系的约定，你就可以存储和展示文本了。在早期，把 7 位、8 位等位数的数字转换为文本的约定有很多种，最常见的标准是美国信息交换标准代码（ASCII），这个标准把数字和字母互相对应，比如 90 表示 Z，如果用位表示就是 1011010，计算机中的 ASCII 表会做对应的转换工作。

现在你可以在 Python 里试一下这个：

```
>>> 0b1011010
90
>>> ord('Z')
90
>>> chr(90)
'Z'
>>>
```

首先，我用二进制写出了 90，然后我获取了字母 Z 的对应数字，然后我把数字转成了字母。记不住这些也别担心，我用 Python 这么多年，这种转换大概也就用过两次。

有了 ASCII 这个约定，我们就能用 8 位（也就是 1 字节）编码一个字符，然后我们就可以把字符串联在一起，合成一个单词。如果我要写我的名字 "Zed A. Shaw"，我可以用一组字节序列来表示：[90, 101, 100, 32, 65, 46, 32, 83, 104, 97, 119]。早期的计算机里的文本都是这种字节序列，存储在内存中，然后计算机将其显示给人看。再说一次，这个约定序列最终会转换成开关的通断。

　　ASCII 有一个问题，它只能对英语和若干类似语言进行编码。还记得吧，1 字节可以存放 256 个数字（0~255 或 00000000~11111111）。世界上的语言多种多样，用到的字符数量远远超过 256 个。于是不同的国家为各自的语言创造了不同的编码方式，这样也不是不行，但很多编码都只能处理一种语言。如果你要在一句泰语中插入一个英语的书籍名称，你就可能会遇到问题。你需要一个泰语的编码，一个英语的编码。

　　为了解决这个问题，有一群人发明了 Unicode。听上去跟"encode"（编码）这个词很像，它的意思是一种所有人类语言的"通用编码"（universal encoding）。Unicode 提供的编码方案和 ASCII 表格类似，但相对而言庞大得多。你可以用 32 位编码一个 Unicode 字符，这对我们能找到的所有语言都够用了。32 位意味着我们可以存储 4 294 967 295（2^{32}）个字符，可以装得下所有人类语言，再装一堆外星人语言也不是不够。里边的多余空间，我们现在用它们来存储"大便""微笑"之类的表情符。

　　现在我们有了可以存储任意字符的约定，但 32 位是 4 字节（32/8 = 4），这对于我们要编码的大部分类型的文本来说都是一种浪费。我们也可以用 16 位（2 字节），但对于大部分文本还是浪费。这个问题的解决方案就是用一种巧妙的方式，把大部分常用字符用 8 位编码，如果需要编码更多的字符，就"逃"去使用更大的数。于是我们就又有了一个编码约定，就是一种压缩编码方式，针对常见字符使用 8 位，需要的时候再去使用 16 位或者 32 位。

　　这一约定在 Python 里叫 UTF-8（Unicode Transformation Format 8 Bits）。从编码 Unicode 字符到字节序列，再到位序列，再到一个通断的开关序列，都遵循了这一编码约定。你还可以选择别的编码方式，但 UTF-8 是当前的标准。

解剖输出

　　现在我们可以看看之前展示的命令的输出，先看第一条命令以及前几行输出，如图 23-2 所示。

```
$ python3.6 ex23.py utf-8 strict
b'Afrikaans' <===> Afrikaans
b'\xe1\x8a\xa0\xe1\x88\x9b\xe1\x88\xad\xe1\x8a\x9b' <===> አማርኛ
b'\xd0\x90\xd2\xa7\xd1\x81\xd1\x81\xd3\x99\xd0\xb0' <===> Аҧсшәа
b'\xd8\xa7\xd9\x84\xd8\xb9\xd8\xb1\xd8\xa8\xd9\x8a\xd8\xa9' <===> العربية
b'V\xc3\xb5ro' <===> Võro
b'\xe6\x96\x87\xe8\xa8\x80' <===> 文言
b'\xe5\x90\xb4\xaf\xad' <===> 吴语
b'\xd7\x99\xd7\x99\xd6\xb4\xd7\x93\xd7\x99\xd7\xa9' <===> ייִדיש
b'\xe4\xb8\xad\xe6\x96\x87' <===> 中文
$
```

图 23-2

ex23.py 脚本将 b'' (字节串) 中的字节转换成了你指定的 UTF-8 编码。左边是 UTF-8 的每一个字节的数字 (十六进制),右边是真正输出的 UTF-8 字符。你可以这么思考:<===> 的左边是 Python 用数字表示的字节,或者说是 Python 用来存储字符串的原始字节。你用 b'' 告诉 Python 这是字节。这些原始字节经过"烹饪"后显示在右边,这样你就能在终端看到真正的字符了。

解剖代码

我们解读了字符串和字节序列。在 Python 中,string 是 UTF-8 编码的字符序列,是显示和处理文本的基础。bytes 则是 Python 用来存储 UTF-8 字符串的原始字节序列,你用 b'' 告诉 Python 你处理的是原始字节串。这些都是以 Python 处理文本的约定方式为基础的。图 23-3 所示的会话展示了字符串编码和字节串解码的操作。

```
$ python3.6
Python 3.6.0 (default, Feb  2 2017, 12:48:29)
[GCC 4.2.1 Compatible Apple LLVM 7.0.2 (clang-700.1.81)] on darwin
Type "help", "copyright", "credits" or "license" for more information.
>>> raw_bytes = b'\xe6\x96\x87\xe8\xa8\x80'
>>> utf_string = "文言"
>>> raw_bytes.decode()
'文言'
>>> utf_string.encode()
b'\xe6\x96\x87\xe8\xa8\x80'
>>> raw_bytes == utf_string.encode()
True
>>> utf_string == raw_bytes.decode()
True
>>>
>>> quit()
$
```

图 23-3

你只要记住,如果要处理的是原始字节串 (bytes),那你就需要通过 .decode() 来获取字符串 (string)。原始字节串不包含编码方式,它们就是字节序列,一堆数字而已,所以你必须告诉 Python "把它解码成 UTF 字符串"。如果你想保存、分享一个字符串或者进行别的字符串操作,通常这样做不会有问题,但有时 Python 会抛出一个错误,说它不知道怎样"编码"。再说一次,Python 知道自己的内部约定,但它不知道你需要的约定。因此,出错的时候,你必须使用 .encode() 来获取你需要的字节。

可以这么记忆(连我都是每次用得查一下):DBES—— "decode bytes, encode strings" 的缩写,即"解码字节串,编码字符串"。我把它读成"deebess",每次要转换字符串,我都默念一遍。如果你要把字节串转成字符串,就是"解码字节串",要把字符串转成字节串,就是"编码字符串"。

记住这个以后，我们逐行分解一下 ex23.py 中的代码。

- **第 1~2 行**：一开始是常见的命令行参数处理，你已经学过了。
- **第 5 行**：关键代码从这个叫 main 的主函数开始，该函数会在脚本的结尾调用。
- **第 6 行**：这个函数做的第一件事，是从给它的语言文件中读取一行，这个你之前做过，所以没啥新东西，就是用 readline 处理文本文件而已。
- **第 8 行**：这里就有新东西了。在本书的后半部分我会细讲，现在算是给你浅尝一下。这个是 if 语句，你可以用它在 Python 代码中做出决策。你可以检验一个变量的真值，基于这一真值来决定一段代码运行与否。这里我检验了一行内容中是否包含了某样东西。当运行到文件的结尾时，readline 函数会返回一个空字符串，这行 if 就是用来检查这个空字符串的。只要 readline 返回了内容，这里就为真，第 9~10 行缩进的代码就会执行，如果它为假，第 9~10 行代码就会被跳过。
- **第 9 行**：我调用了另一个函数来实际打印这一行。这样代码会更简单易懂。如果想知道函数所做的事情，我可以跳到这个函数里研究一下。知道了 print_line 的功能之后，我就可以记住函数名字，不再关注函数内容细节了。
- **第 10 行**：我这里写了一段小而强大的魔法。我在 main 里边调用了一次 main。其实这也不算魔法，因为编程中其实是没有魔法的。需要的一切信息都在这里。这里我在函数里调用函数，这样做似乎是不行的。问问自己，为什么不行？技术上讲，不管函数在哪，我都应该能调用，就连 main 函数也不例外。如果函数的调用只是跳转到这个叫 main 的位置，那么调用函数自己只不过是······跳到函数顶端再运行一次而已。这样其实就是一个循环了。现在回到第 8 行，你可以看到，if 语句在这里的功能就是防止函数永远循环下去。仔细学习一下，这个概念很重要，不过一下读不懂也没关系。
- **第 13 行**：我开始定义 print_line 函数，它实际上是对 languages.txt 中每一行进行编码。
- **第 14 行**：只是把每行结尾的 \n 删掉而已。
- **第 15 行**：我终于取到了 languages.txt 中的语言，把它编码成原始字节。记得 DBES 吧——解码字节串，编码字符串。next_lang 变量是一个字符串，要获取原始字节串，我必须调用 .encode() 来编码字符串。我把需要的编码方式和处理错误的方式传入 encode() 函数。
- **第 16 行**：额外的一步，我展示了第 15 行的逆操作，从 raw_bytes 创建了一个 cooked_string 变量。记得 DBES 说字节串需要解码，raw_bytes 就是字节串，所以我在上面调用了 .decode()，从而得到一个 Python 字符串。这个字符串应该和 next_lang 变量是一样的
- **第 18 行**：只是打印二者出来，给你看看它们什么样。
- **第 21 行**：函数定义完成了，现在我要打开 languages.txt 文件。

- **第 23 行**：脚本的结尾，执行了 main 函数，带了需要的所有参数，然后循环就开始了。记住，这里代码会跳到第 5 行 main 函数定义的顶端，然后到第 10 行，main 函数会再被调用一次，然后持续循环。第 8 行的 if 会阻止循环不停运行下去。

深度接触编码

现在我们可以用我们的脚本探索一下别的编码。下面我展示了各种编码方式以及如何破坏它们。首先，我做了一个简单的 UTF-16 编码，用来和 UTF-8 进行比较。你可以试试 UTF-32，然后和 UTF-8 比较，从而看看后者节约了多少空间。然后我试了 Big5，你会发现 Python 完全不买账。它抛出了错误，说 Big5 不能编码位置 0 的某些字符（超级有用是不是？）。这个问题的解决方案之一是，让 Python 替换掉 Big5 编码无法编码的字符，这就是接下来的例子了。然后你可以看到，无法匹配 Big5 编码系统的字符，都会被打印成问号，如图 23-4 所示。

```
● ● ●                    python — bash — 82×34
$ python3.6 ex23.py utf-16 strict
b'\xff\xfeA\x00f\x00r\x00i\x00k\x00a\x00a\x00n\x00s\x00' <===> Afrikaans
b'\xff\xfe\xa0\x12\x1b\x12-\x12\x9b\x12' <===> አማርኛ
b'\xff\xfe\x10\x04\xa7\x04A\x04H\x04\xd9\x040\x04' <===> Aҥсшәа
b"\xff\xfe'\x06D\x069\x061\x06(\x06J\x06)\x06" <===> العربية
b'\xff\xfeV\x00\xf5\x00r\x00o\x00' <===> Võro
b'\xff\xfe\x87e\x00\x8a' <===> 文言
b'\xff\xfe4T\xed\x8b' <===> 吳语
b'\xff\xfe\xd9\x05\xd9\x05\xb4\x05\xd3\x05\xd9\x05\xe9\x05' <===> ייִדיש
b'\xff\xfe-N\x87e' <===> 中文
$ python3.6 ex23.py big5 strict
b'Afrikaans' <===> Afrikaans
Traceback (most recent call last):
  File "ex23.py", line 23, in <module>
    main(languages, encoding, error)
  File "ex23.py", line 10, in main
    return main(language_file, encoding, errors)
  File "ex23.py", line 9, in main
    print_line(line, encoding, errors)
  File "ex23.py", line 15, in print_line
    raw_bytes = next_lang.encode(encoding, errors=errors)
UnicodeEncodeError: 'big5' codec can't encode character '\u12a0' in position 0: il
legal multibyte sequence
$ python3.6 ex23.py big5 replace
b'Afrikaans' <===> Afrikaans
b'????' <===> ????
b'??\xc7\xda\xc7\xe1?\xc7\xc8' <===> ??сш?а
b'???????' <===> ???????
b'V?ro' <===> V?ro
b'\xa4\xe5\xa8\xa5' <===> 文言
b'??' <===> ??
b'??????' <===> ??????
b'\xa4\xa4\xa4\xe5' <===> 中文
$ ▮
```

图 23-4

破坏程序

方法大致如下。

1. 找一些别的编码方式的字符串，放到 ex23.py 中，看看会出什么问题。

2. 给它一个不存在的编码方式，看看会发生什么。

3. 额外挑战：使用 `b''` 字节串取代 UTF-8 字符串重写代码，结果就是把程序反写一遍。

4. 做完以后，你还可以去破坏这些字节串，删掉一些内容，看看会发生什么。删掉多少以后 Python 才会报错呢？删掉多少后 Python 解码的字符串输出内容才会损坏呢？

5. 用你从第 4 项中学到的知识来破坏文件。你会看到什么错误？在 Python 解码系统不出错的前提下，你能破坏到什么程度？

更多的练习

现在离本书第一部分的结尾已经不远了，你应该已经具备了足够的 Python 基础知识，可以继续学习一些编程的原理了，但你应该做更多的练习。这个习题的内容比较长，它的目的是锻炼你的毅力，下一个习题也差不多是这样的，好好完成它们，做到完全正确，记得仔细检查。

ex24.py

```python
print("Let's practice everything.")
print('You\'d need to know \'bout escapes with \\ that do:')
print('\n newlines and \t tabs.')

poem = """
\tThe lovely world
with logic so firmly planted
cannot discern \n the needs of love
nor comprehend passion from intuition
and requires an explanation
\n\t\twhere there is none.
"""

print("--------------")
print(poem)
print("--------------")


five = 10 - 2 + 3 - 6
print(f"This should be five: {five}")

def secret_formula(started):
    jelly_beans = started * 500
    jars = jelly_beans / 1000
    crates = jars / 100
    return jelly_beans, jars, crates


start_point = 10000
beans, jars, crates = secret_formula(start_point)

```

```
32    # remember that this is another way to format a string
33    print("With a starting point of: {}".format(start_point))
34    # it's just like with an f"" string
35    print(f"We'd have {beans} beans, {jars} jars, and {crates} crates.")
36
37    start_point = start_point / 10
38
39    print("We can also do that this way:")
40    formula = secret_formula(start_point)
41    # this is an easy way to apply a list to a format string
42    print("We'd have {} beans, {} jars, and {} crates.".format(*formula))
```

应该看到的结果

习题 24　会话

```
$ python3.6 ex24.py
Let's practice everything.
You'd need to know 'bout escapes with \ that do:

 newlines and      tabs.
--------------

   The lovely world
with logic so firmly planted
cannot discern
 the needs of love
nor comprehend passion from intuition
and requires an explanation

            where there is none.

--------------
This should be five: 5
With a starting point of: 10000
We'd have 5000000 beans, 5000.0 jars, and 50.0 crates.
We can also do that this way:
We'd have 500000.0 beans, 500.0 jars, and 5.0 crates.
```

巩固练习

1. 记得仔细检查，从后往前倒着读，把代码朗读出来，在不清楚的地方加上注释。
2. 故意把代码改错，运行并查看会发生什么样的错误。确保你有能力改正这些错误。

常见问题回答

为什么你在后面把 `jelly_beans` 这个变量又叫成了 `beans`？

这是函数的工作原理。记住函数内部的变量都是临时的，当你的函数返回以后，返回值可以被赋予一个变量。我这里是创建了一个名为 beans 的新变量，用来存放函数的返回值。

倒着读代码是什么意思？

从最后一行开始，把你写的代码和我写的代码进行比较。如果这一行完全一样，就接着比较上一行，直到全部比较完为止。

这首诗是谁写的？

我写的。我的诗也还可以吧。

更多更多的练习

我们将做一些关于函数和变量的练习，以确认你真正掌握了这些知识。这个习题对你来说应该很简单的：写程序，逐行研究，弄懂它。

不过这个习题还是有些不同，你不需要运行它，取而代之，你将它导入 Python 里，并自己运行这些函数。

ex25.py

```
1    def break_words(stuff):
2        """This function will break up words for us."""
3        words = stuff.split(' ')
4        return words
5
6    def sort_words(words):
7        """Sorts the words."""
8        return sorted(words)
9
10   def print_first_word(words):
11       """Prints the first word after popping it off."""
12       word = words.pop(0)
13       print(word)
14
15   def print_last_word(words):
16       """Prints the last word after popping it off."""
17       word = words.pop(-1)
18       print(word)
19
20   def sort_sentence(sentence):
21       """Takes in a full sentence and returns the sorted words."""
22       words = break_words(sentence)
23       return sort_words(words)
24
25   def print_first_and_last(sentence):
26       """Prints the first and last words of the sentence."""
27       words = break_words(sentence)
28       print_first_word(words)
29       print_last_word(words)
30
31   def print_first_and_last_sorted(sentence):
```

```
32          """Sorts the words then prints the first and last one."""
33          words = sort_sentence(sentence)
34          print_first_word(words)
35          print_last_word(words)
```

首先以正常的方式运行 python3.6 ex25.py，找出你犯的错误，并把它们都改正过来，然后你需要跟着下面的"应该看到的结果"完成这个习题。

应该看到的结果

这个习题将在你之前用来做计算的 Python 解释器里，用交互的方式和你的 ex25.py 交流。在 shell 里像下面这样运行 python3.6：

```
$ python3.6
Python 3.6.0rc2 (v3.6.0rc2:800a67f7806d, Dec 16 2016, 14:12:21)
[GCC 4.2.1 (Apple Inc. build 5666) (dot 3)] on darwin
Type "help", "copyright", "credits" or "license" for more information.
>>>
```

你看到的可能和我的有一点儿不同，但是一旦你看到>>>提示符，你就可以录入 Python 代码并立即运行它了。然后照我的方式在 python 里录入下面每一行 Python 代码，看一下它做了什么。

习题 25   Python 会话

```
1    import ex25
2    sentence = "All good things come to those who wait."
3    words = ex25.break_words(sentence)
4    words
5    sorted_words = ex25.sort_words(words)
6    sorted_words
7    ex25.print_first_word(words)
8    ex25.print_last_word(words)
9    words
10   ex25.print_first_word(sorted_words)
11   ex25.print_last_word(sorted_words)
12   sorted_words
13   sorted_words = ex25.sort_sentence(sentence)
14   sorted_words
15   ex25.print_first_and_last(sentence)
16   ex25.print_first_and_last_sorted(sentence)
```

下面是我在 Python 中使用 ex25.py 的过程。

习题 25   Python 会话

Python 3.6.0 (default, Feb 2 2017, 12:48:29)

```
[GCC 4.2.1 Compatible Apple LLVM 7.0.2 (clang-700.1.81)] on darwin
Type "help", "copyright", "credits" or "license" for more information.
>>> import ex25
>>> sentence = "All good things come to those who wait."
>>> words = ex25.break_words(sentence)
>>> words
['All', 'good', 'things', 'come', 'to', 'those', 'who', 'wait.']
>>> sorted_words = ex25.sort_words(words)
>>> sorted_words
['All', 'come', 'good', 'things', 'those', 'to', 'wait.', 'who']
>>> ex25.print_first_word(words)
All
>>> ex25.print_last_word(words)
wait.
>>> words
['good', 'things', 'come', 'to', 'those', 'who']
>>> ex25.print_first_word(sorted_words)
All
>>> ex25.print_last_word(sorted_words)
who
>>> sorted_words
['come', 'good', 'things', 'those', 'to', 'wait.']
>>> sorted_words = ex25.sort_sentence(sentence)
>>> sorted_words
['All', 'come', 'good', 'things', 'those', 'to', 'wait.', 'who']
>>> ex25.print_first_and_last(sentence)
All
wait.
>>> ex25.print_first_and_last_sorted(sentence)
All
who
```

在看每一行的时候，确保你能找出 ex25.py 里对应的函数，并且理解每个函数的工作原理。如果你的结果不一样或者遇到错误，那就要修正你的代码，退出 python3.6，重来一遍。

巩固练习

1. 研究"应该看到的结果"中没有分析过的行，研究它们的作用，确认自己明白了如何运行模块 ex25 中定义的函数。

2. 试着执行 help(ex25) 和 help(ex25.break_words)。这是得到模块帮助文档的方式。所谓帮助文档就是定义函数时放在"""之间的字符串，这些特殊的字符串也被称作文档注释（documentation comment），后面还会出现更多类似的东西。

3. 重复键入 ex25.是很烦的一件事情。有一个捷径就是用 from ex25 import *的方式导入模块。这相当于说:"我要把 ex25 中所有的东西导入进来。"程序员喜欢说这样的倒装句。开启一个新的会话,看看所有的函数是不是已经在那里了。

4. 试着将代码文件分解,看看 Python 使用你的代码文件时是怎样的状况。如果要重新加载代码文件,你必须先用 quit() 退出 Python。

常见问题回答

有的函数打印出来的结果是 None。

也许你的函数漏写了最后的 return 语句。回到代码中,检查一下是不是每一行都写对了。

输入 import ex25 时显示 -bash: import: command not found。

注意看我在"应该看到的结果"部分所做的。我是在 Python 中写的这一句,不是在终端中直接写的。你要先运行 Python 再录入代码。

输入 import ex25.py 时显示 ImportError: No module named ex25.py。

.py 是不需要的。Python 知道文件是 .py 结尾,所以只要输入 import ex25 即可。

运行时提示 SyntaxError: invalid syntax。

这说明你在提示的那行有一个语法错误,可能是漏了半个括号或者引号,也可能是别的。一旦看到这种错误,应该去对应的行检查代码,如果那一行没问题,就倒着继续往上检查每一行,直到发现问题为止。

为什么 words.pop 这个函数会改变 words 变量的内容?

这个问题有点儿复杂,不过在这里 words 是一个列表,可以对它进行操作,操作结果也可以被保存下来。这和你之前操作文件时遇到的函数工作原理差不多。

函数里什么时候该用 print,什么时候该用 return?

函数的 return 会给调用该函数的代码行一个结果。思路是这样的:函数通过参数接受输入,通过 return 返回输出。print 和它毫无关系,它只是在终端打印输出而已。

恭喜你，现在可以考试了！

现在已经差不多完成这本书的前半部分了，不过后半部分才是更有趣的。在后半部分你将学到逻辑，并通过条件判断实现有用的功能。

在继续学习之前，有一道试题要你做。这道试题很难，因为它需要你修正别人写的代码。你做程序员以后，需要经常面对别的程序员的代码，也许还要面对他们的傲慢态度，他们会经常说自己的代码是完美的。

这样的程序员是自以为是、不在乎别人的。真正优秀的科学家会对他们自己的工作持怀疑态度，同样，真正优秀的程序员也会认为自己的代码总有出错的可能，他们会先假设是自己的代码有问题，然后用排除法清查所有可能是自己有问题的地方，最后才会得出"这是别人代码的错误"这样的结论。

在这个习题中，你将面对一个水平很糟糕的程序员，并且要改好他的代码。我将习题 24和习题 25 胡乱复制到了一个文件中，随机地删掉了一些字符，然后添加了一些错误进去。大部分的错误是 Python 在执行时会告诉你的，还有一些数学错误是你要自己找出来的，再剩下来的就是格式和拼写错误。

所有这些错误都是程序员很容易犯的，就算有经验的程序员也不例外。

你的任务是将此文件修改正确，用你所有的技能改进这个脚本。你可以先分析这个文件，你也可以把它像学期论文一样打印出来，修正里边的每一个错误，重复修正和运行的动作，直到这个脚本可以完美地运行起来。在整个过程中不要寻求帮助，如果卡在某个地方无法进行下去，那就休息一会儿，晚点儿再做。

就算你需要几天才能完成，也不要放弃，直到完全改对为止。

最后要说的是，这个习题的目的不是写程序，而是修正现有的程序，你需要前往 http://learnpythonthehardway.org/python3/exercise26.txt，从那里把代码复制粘贴过来，放一个名为 ex26.py 的文件，这也是本书唯一一处允许你复制粘贴的地方。

常见问题回答

一定要导入 ex25.py 吗？移除对它的引用也可以吧？

怎样都可以。不过这个文件里会用到 ex25 中的函数，你可以试着移除引用看看会怎样。

我可以边修正代码边运行吗？

当然可以。这样的事情就是要计算机帮忙，多多益善。

记住逻辑关系

到现在，你已经学会了终端读写文件和很多 Python 数学运算功能。现在，你要开始学习逻辑了。你要学习的不是研究院里的高深逻辑理论，只是程序员每天都要用到的让程序运行起来的基本的逻辑知识。

学习逻辑之前你需要先背下来一些东西。这个习题你要在一个星期内完成，不要擅自修改日程，就算你烦得不得了，也要坚持下去。这个习题会要求你必须背下来一系列的逻辑表格，这样完成后面的习题更容易。

需要事先警告你的是：这件事情一开始一点乐趣都没有，你一开始就会觉得它很无聊乏味，但它的目的是教你程序员必备的一项重要技能。一些重要的概念是必须记住的，一旦你明白了这些概念，就会获得相当的成就感，但是一开始你会觉得它们很难掌握，感觉就像和乌贼摔跤，但等到某一天，你会豁然开朗。你会从这些基础的学习中得到丰厚的回报。

这里告诉你一个记住某样东西而不让自己抓狂的方法：在一整天里，每次记忆一小部分，把你最需要加强的部分标记出来。不要想着在两小时内连续不停地背，这不会有什么好的结果。不管你花多长时间，你的大脑也只会留住你在前 15 分钟或者前 30 分钟内看过的东西。你要做的是创建一些索引卡片，卡片有两列内容，正面录入下表左边的逻辑关系，反面录入下表右边的答案。你需要达到的效果是：拿出一张卡片来，看到"True or False"，可以立即说出是"True"。坚持练习，直到能做到这一点为止。

一旦能做到这一点了，接下来你就需要每天晚上自己在笔记本上写一份真值表出来。不要只是抄写这张表，试着默写这张表。如果发现哪里没记住，就飞快地瞥一眼答案。这样会训练你的大脑，让它记住整个真值表。

不要在这上面花超过一周的时间，因为你在后面的应用过程中还会继续学习它们。

逻辑术语

在 Python 中会使用下面的术语（字符或者词汇）来定义事物的真（True）或者假（False）。计算机的逻辑就是在程序的某个位置检查这些字符或者变量组合在一起表达的结果是真是假。

- and：与。
- or：或。
- not：非。
- !=：不等于。

- ==：等于。
- >=：大于等于。
- <=：小于等于。
- True：真。
- False：假。

这些字符其实你已经见过了，但这些术语你可能还没见过。这些术语（与、或和非）和你期望的效果其实是一样的，跟英语里的意思一模一样。

真值表

我们将使用这些字符来创建你需要记住的真值表。

not	真假
not False	True
not True	False

or	真假
True or False	True
True or True	True
False or True	True
False or False	False

and	真假
True and False	False
True and True	True
False and True	False
False and False	False

not or	真假
not (True or False)	False
not (True or True)	False
not (False or True)	False
not (False or False)	True

not and	真假
not (True and False)	True
not (True and True)	False
not (False and True)	True
not (False and False)	True

!=	真假
1 != 0	True
1 != 1	False
0 != 1	True
0 != 0	False

==	真假
1 == 0	False
1 == 1	True
0 == 1	False
0 == 0	True

现在使用这些表格创建你自己的卡片，再花一个星期慢慢记住它们。记住一点，每天尽力去学，在尽力的基础上多下一点儿功夫。

常见问题回答

直接学习布尔代数，不背这些东西，可不可以?

当然可以，不过这么一来，当你写代码的时候，你就需要不断地回头想布尔代数的规则，这样写代码的速度就慢了。如果你记下来了，不但锻炼了自己的记忆力，而且让这些应用变成了条件反射，理解起来就更容易了。当然，你觉得哪种方法好，就用哪种方法吧。

布尔表达式练习

上一节的逻辑组合的正式名称是"布尔逻辑表达式"（boolean logic expression）。在编程中，布尔逻辑可以说是无处不在的。它们是计算机运算的基础部分，掌握它们就跟学音乐掌握音阶一样重要。

在这个习题中，将在 Python 里使用前一个习题中学到的逻辑表达式。先为下面的每一个逻辑问题写出你的答案，每一题的答案要么为 True 要么为 False。写完以后，在终端中启动 Python，录入这些逻辑语句，确认你写的答案是否正确。

1. `True and True`
2. `False and True`
3. `1 == 1 and 2 == 1`
4. `"test" == "test"`
5. `1== 1 or 2 != 1`
6. `True and 1 == 1`
7. `False and 0 != 0`
8. `True or 1 == 1`
9. `"test" == "testing"`
10. `1 != 0 and 2 == 1`
11. `"test" != "testing"`
12. `"test" == 1`
13. `not (True and False)`
14. `not (1 == 1 and 0 != 1)`
15. `not (10 == 1 or 1000 == 1000)`
16. `not (1 != 10 or 3 == 4)`
17. `not ("testing" == "testing" and "Zed" == "Cool Guy")`
18. `1 == 1 and not ("testing" == 1 or 1 == 0)`
19. `"chunky" == "bacon" and not (3 == 4 or 3 == 3)`
20. `3 == 3 and not ("testing" == "testing" or "Python" == "Fun")`

在这个习题结尾的地方我会给你一种帮助你理清复杂逻辑的技巧。

所有的布尔逻辑表达式都可以用下面的简单流程得到结果。

1. 找到相等判断的部分（==或!=），将其改写为其最终值（True 或 False）。

2. 找到括号中的 and/or，先算出它们的值。

3. 找到每一个 not，算出它们取反的值。

4. 找到剩下的 and/or，解出它们的值。

5. 都做完后，剩下的结果应该就是 True 或者 False 了。

下面以第 20 个逻辑表达式演示一下：

```
3 != 4 and not ("testing" != "test" or "Python" == "Python")
```

接下来你将看到这个复杂的表达式是如何被逐级解为一个结果的。

1. 解出每一个相等判断。

   a. 3 != 4 为 True: True and not ("testing" != "test" or "Python" == "Python")

   b. "testing" != "test" 为 True: True and not (True or "Python" == "Python")

   c. "Python" == "Python" 为 True: True and not (True or True)

2. 找到括号中的每一个 and/or。

   (True or True) 为 True: True and not (True)

3. 找到每一个 not 并将其取反。

   not (True) 为 False: True and False

4. 找到剩下的 and/or，解出它们的值。

   True and False 为 False

这样我们做完了，知道了它最终的值为 False。

警告 复杂的布尔逻辑表达式一开始看上去可能会让你觉得很难。你也许已经碰壁过了，不过别灰心，这些"逻辑体操"式的训练只是让你逐渐习惯起来，以便后面你可以轻松应对编程里边更酷的一些东西。只要坚持下去，不放过自己做错的地方就行了。如果你暂时不太理解也没关系，最终总是会弄懂的。

应该看到的结果

在你尝试过猜测结果以后，就来看看 Python 会话中得到的结果。

```
$ python3.6
Python 2.5.1 (r251:54863, Feb  6 2009, 19:02:12)
[GCC 4.0.1 (Apple Inc. build 5465)] on Darwin
Type "help", "copyright", "credits" or "License" for more information.
>>> True and True
```

```
True
>>> 1 == 1 and 2 == 2
True
```

巩固练习

1. Python 里还有很多和!=和==类似的操作符。试着尽可能多地列出 Python 中的"相等运算符"，如<或者<=。
2. 写出每一个"相等运算符"的名称，如!=叫"不等于"。
3. 在 Python 中测试新的布尔运算符。在按回车键前你需要说出它的结果。不要思考，凭自己的第一感觉就可以了。把表达式和结果用笔写下来再按回车键，最后看自己做对多少，做错多少。
4. 把习题 3 中写的那张纸丢掉，以后你再也不需要查它了。

常见问题回答

为什么"test" and "test"返回"test"，1 and 1 返回 1，而不是返回 True 呢？

Python 和很多编程语言一样，都是给布尔表达式返回两个被操作对象中的一个，而非 True 或 False。这意味着，如果你写了 False and 1，得到的是第一个操作数（False），而非第二个操作数（1），但如果你写的是 True and 1，得到的是第二个操作数（1）。多做几个实验。

!=和<>有何不同？

在 Python 中!=是主流用法，<>将被逐渐废弃，所以你应该使用前者，除此以外没什么不同。

有没有短路逻辑？

有的。任何以 False 开头的 and 语句都会直接处理成 False，不会继续检查后面的语句。任何包含 True 的 or 语句，只要处理到 True，就不会继续向下推算，而是直接返回 True 了。不过，还是要确保你能理解整个语句，因为日后这会很有用。

if 语句

下面是要完成的脚本，介绍了 if 语句。录入这段代码，让它能正确运行，然后看看你是否有所收获。

ex29.py

```python
1   people = 20
2   cats = 30
3   dogs = 15
4
5
6   if people < cats:
7       print("Too many cats! The world is doomed!")
8
9   if people > cats:
10      print("Not many cats! The world is saved!")
11
12  if people < dogs:
13      print("The world is drooled on!")
14
15  if people > dogs:
16      print("The world is dry!")
17
18
19  dogs += 5
20
21  if people >= dogs:
22      print("People are greater than or equal to dogs.")
23
24  if people <= dogs:
25      print("People are less than or equal to dogs.")
26
27
28  if people == dogs:
29      print("People are dogs.")
```

应该看到的结果

```
$ python3.6 ex29.py
Too many cats! The world is doomed!
The world is dry!
People are greater than or equal to dogs.
People are less than or equal to dogs.
People are dogs.
```

巩固练习

猜猜 if 语句是什么，它有什么用处。在做下一道习题前，试着用自己的话回答下面的问题。

1. 你认为 if 对它的下一行代码做了什么？
2. 为什么 if 语句的下一行需要 4 个空格的缩进？
3. 如果不缩进会发生什么事情？
4. 把习题 27 中的其他布尔表达式放到 if 语句中会不会也可以运行呢？试一下。
5. 如果把变量 people、cats 和 dogs 的初始值改掉会发生什么事情？

常见问题回答

+=是什么意思？

x += 1 和 x = x + 1 一样，只不过可以少敲几个字母。你可以把它叫"递增"运算符。你后面还会学到-=以及很多别的表达式。

else 和 if

前一个习题中写了一些 if 语句，并且试图猜出它们是什么，以及它们的工作方式。在继续学习之前，我解释一下上一个习题中巩固练习的答案。上一个习题的巩固练习你做过了吧？

1. 你认为 if 对它的下一行代码做了什么？if 语句为代码创建了一个所谓的"分支"，就跟 RPG 游戏中的情节分支一样。if 语句告诉你的脚本：如果这个布尔表达式为真，就运行接下来的代码，否则就跳过这一段。

2. 为什么 if 语句的下一行需要 4 个空格的缩进？行尾的冒号的作用是告诉 Python 接下来你要创建一个新的代码块，缩进告诉 Python 这些代码处于该代码块中。这跟你前面创建函数时的冒号是一个道理。

3. 如果不缩进会发生什么事情？如果没有缩进，你应该会看到 Python 报错。Python 的规则里，只要一行以冒号（:）结尾，它接下来的内容就应该有缩进。

4. 把习题 27 中的其他布尔表达式放到 if 语句中会不会也可以运行呢？试一下。可以，而且不管多复杂都可以，虽然写复杂的东西通常是一种不好的编程风格。

5. 如果把变量 people、cats 和 dogs 的初始值改掉会发生什么事情？因为你比较的对象是数值，所以，如果把这些数值改掉的话，某些位置的 if 语句会被求值为 True，而它下面的代码块将被运行。你可以试着修改这些数值，然后在头脑里假想一下哪一段代码会被运行。

把我的答案和你的答案比较一下，确保自己真正弄懂了"代码块"的概念。因为下一个习题将会写 if 语句的所有部分，所以这一点对于做下一个习题很重要。

录入下面这段代码，并让它运行起来。

ex30.py

```
1   people = 30
2   cars = 40
3   trucks = 15
4
5
6   if cars > people:
7       print ("We should take the cars.")
8   elif cars < people:
9       print("We should not take the cars.")
```

```
10    else:
11        print("We can't decide.")
12
13    if trucks > cars:
14        print("That's too many trucks.")
15    elif trucks < cars:
16        print("Maybe we could take the trucks.")
17    else:
18        print("We still can't decide.")
19
20    if people > trucks:
21        print("Alright, let's just take the trucks.")
22    else:
23        print("Fine, let's stay home then.")
```

应该看到的结果

习题 30   会话

```
$ python3.6 ex30.py
We should take the cars.
Maybe we could take the trucks.
Alright, let's just take the trucks.
```

巩固练习

1. 猜想一下 elif 和 else 的功能。
2. 将 cars、people 和 trucks 的数改掉，然后追溯每一个 if 语句。看看最后会打印出什么。
3. 试着写一些复杂的布尔表达式，如 cars > people or trucks < cars。
4. 在每一行的上面加上注释，说明这一行的作用。

常见问题回答

如果多个 elif 块都是 True，Python 会如何处理？
Python 只会运行它遇到的是 True 的第一个块，所以只有第一个为 True 的块会运行。

作出决定

在这本书的上半部分，你打印了一些东西，而且调用了函数，不过一切都是线性进行的。你的脚本从最上面一行开始，一路运行到结束。如果你创建了函数，你可以以后再运行它，但整个过程中并没有需要真正作出判断的分支。现在已经学了 if、else 和 elif，你可以开始创建包含条件判断的脚本了。

上一个脚本中你写了一系列的简单提问测试。这个习题的脚本中，你需要向用户提问，依据用户的答案来作出决定。把脚本写下来，多鼓捣一阵子，看看它的工作原理是什么。

ex31.py

```python
1  print("""You enter a dark room with two doors.
2  Do you go through door #1 or door #2?""")
3
4  door = input("> ")
5
6  if door == "1":
7      print("There's a giant bear here eating a cheese cake.")
8      print("What do you do?")
9      print("1. Take the cake.")
10     print("2. Scream at the bear.")
11
12     bear = input("> ")
13
14     if bear == "1":
15         print("The bear eats your face off.  Good job!")
16     elif bear == "2":
17         print("The bear eats your legs off.  Good job!")
18     else:
19         print(f"Well, doing {bear} is probably better.")
20         print("Bear runs away.")
21
22  elif door == "2":
23      print("You stare into the endless abyss at Cthulhu's retina.")
24      print("1. Blueberries.")
25      print("2. Yellow jacket clothespins.")
26      print("3. Understanding revolvers yelling melodies.")
27
28      insanity = input("> ")
29
```

```
30      if insanity == "1" or insanity == "2":
31          print("Your body survives powered by a mind of jello.")
32          print("Good job!")
33      else:
34          print("The insanity rots your eyes into a pool of muck.")
35          print("Good job!")
36
37  else:
38      print("You stumble around and fall on a knife and die.  Good job!")
```

这里的重点是你可以在 if 语句内部再放一个 if 语句作为可运行的代码。这是一个很强大的功能，可以用来创建嵌套的决定，其中的一个分支将引向另一个分支的子分支。

确保你理解 if 语句内容包含 if 语句的概念。做一下巩固练习，确信自己真正理解了它们。

应该看到的结果

我在玩一个小的冒险游戏，我玩的水平不怎么好。

```
$ python3.6 ex31.py
You enter a dark room with two doors.
Do you go through door #1 or door #2?
> 1
There's a giant bear here eating a cheese cake.
What do you do?
1. Take the cake.
2. Scream at the bear.
> 2
The bear eats your legs off.  Good job!
```

巩固练习

1. 为游戏添加新的部分，改变玩家做决定的位置。尽自己的能力扩展这个游戏，不过别把游戏弄得太怪异了。

2. 写一个全新的游戏，也许你不喜欢这个游戏，所以就写个新的吧。这是你的计算机，你想干什么就干什么。

常见问题回答

可以用多个 if-else 组合来替代 elif 吗?

有时候可以, 不过这也取决于 if/else 是怎样写的, 而且这样一来 Python 就需要去检查每一处 if/else, 而不是像 if/elif/else 一样, 只要检查到第一个 True 就可以停下来了。试着写些代码看两者有何不同。

怎样判断一个数是否处于某个值域中?

有两种办法: 经典语法是使用 1 < x < 10 或 1 <= x < 10, 用 x in range(1, 10) 也可以。

如果我想在 if-elif-else 块中有更多的选项?

针对每个可能的选项多写几个 elif 块就可以了。

循环和列表

现在你应该有能力写一些更有趣的程序出来了。如果你能一直跟得上，你应该已经看出，将 if 语句和布尔表达式结合起来可以让程序做一些智能化的事情。

然而，我们的程序还需要能很快地完成重复的事情。这个习题中我们将使用 for 循环来创建和打印出各种各样的列表。在做的过程中，你会逐渐明白它们是怎么回事。现在我不会告诉你，你需要自己找到答案。

在开始使用 for 循环之前，你需要在某个位置存放循环的结果。最好的方法是使用列表（list），顾名思义，它就是一个从头到尾按顺序存放东西的容器。列表并不复杂，你只是要学习一点儿新的语法。首先我们看看如何创建列表：

```
hairs = ['brown', 'blond', 'red']
eyes = ['brown', 'blue', 'green']
weights = [1, 2, 3, 4]
```

你要做的是以左方括号（[）开头"打开"列表，然后写下你要放入列表的东西，用逗号隔开，就跟函数的参数一样，最后你需要用右方括号（]）表明列表结束。然后 Python 接收这个列表以及里边所有的内容，将其赋给一个变量。

> **警告** 对于不会编程的人来说这是一个难点。习惯性思维告诉你的大脑大地是平的。记得上一个习题中的 if 语句嵌套吧，你可能觉得要理解它有些难度，因为生活中一般人不会去想这样的问题，但这样的问题在编程中几乎到处都是。你会看到一个函数调用另外一个包含 if 语句的函数，其中又有列表中嵌套的列表。如果你看到这样的结构一时无法弄懂，就用纸和笔记下来，手动分割下去，直到弄懂为止。

现在我们将使用循环创建一些列表，然后将它们打印出来。

ex32.py

```
1    the_count = [1, 2, 3, 4, 5]
2    fruits = ['apples', 'oranges', 'pears', 'apricots']
3    change = [1, 'pennies', 2, 'dimes', 3, 'quarters']
4
5    # this first kind of for-loop goes through a list
6    for number in the_count:
7        print(f"This is count {number}")
8
9    # same as above
```

```
10    for fruit in fruits:
11        print(f"A fruit of type: {fruit}")
12
13    # also we can go through mixed lists too
14    # notice we have to use {} since we don't know what's in it
15    for i in change:
16        print(f"I got {i}")
17
18    # we can also build lists, first start with an empty one
19    elements = []
20
21    # then use the range function to do 0 to 5 counts
22    for i in range(0, 6):
23        print(f"Adding {i} to the list.")
24        # append is a function that lists understand
25        elements.append(i)
26
27    # now we can print them out too
28    for i in elements:
29        print(f"Element was: {i}")
```

应该看到的结果

```
$ python3.6 ex32.py
This is count 1
This is count 2
This is count 3
This is count 4
This is count 5
A fruit of type: apples
A fruit of type: oranges
A fruit of type: pears
A fruit of type: apricots
I got 1
I got pennies
I got 2
I got dimes
I got 3
I got quarters
Adding 0 to the list.
Adding 1 to the list.
Adding 2 to the list.
Adding 3 to the list.
```

```
Adding 4 to the list.
Adding 5 to the list.
Element was: 0
Element was: 1
Element was: 2
Element was: 3
Element was: 4
Element was: 5
```

巩固练习

1. 注意一下 range 的用法。查一下 range 函数并理解它。
2. 在第 22 行，可以直接将 elements 赋值为 range(0,6)，而无须使用 for 循环吗？
3. 在 Python 文档中找到关于列表的内容，仔细阅读一下，除了 append 以外还可以对列表做哪些操作？

常见问题回答

如何创建二维列表？
就是在列表中包含列表，如[[1,2,3],[4,5,6]]。

列表和数组不一样吗？
取决于语言和实现方式。从经典意义上理解的话，列表和数组是很不同的，因为它们的实现方式不同。在 Ruby 语言中列表和数组都叫数组，而在 Python 中又都叫列表。现在我们就把它叫列表，因为 Python 里就是这么叫的。

为什么 **for** 循环可以使用未定义的变量？
for 循环开始时这个变量就被定义了，每次循环碰到它的时候，它都会被重新初始化为当前循环中的元素值。

为什么 **for i in range(1, 3)**：只循环 2 次而非 3 次？
range()函数会从第一个数到最后一个数，但不包含最后一个数。所以，它到 2 的时候就停止了，而不会到 3。这种含首不含尾的方式是循环中极其常见的一种用法。

elements.append() 是做什么的？
它的功能是在列表的尾部追加元素。打开 Python 命令行，创建几个列表试验一下。以后每次遇到自己不明白的东西，你都可以在 Python shell 交互模式试验一下。

while 循环

接下来是一个更难理解的概念——while 循环。只要循环语句中的布尔值为 True，while 循环就会不停地执行它下面的代码块。

等等，还能跟得上这些术语吧？如果你的某一行是以冒号（:）结尾的，就意味着接下来的内容是一个新的代码块，新的代码块是需要被缩进的。只有将代码用这样的方式格式化，Python 才能知道你的目的。如果你不太明白这一点，就回去看看 if 语句、函数和 for 循环的内容，直到明白为止。

接下来的习题将训练你的大脑去读这些结构。这和我们将布尔表达式印到你的大脑中的过程有点儿类似。

回到 while 循环，它所做的和 if 语句类似，也是去检查一个布尔表达式的真假，不一样的是它下面的代码块不是只被执行一次，而是执行完后再跳回到 while 的顶部，如此重复进行，直到表达式为 False 为止。

while 循环有一个问题，那就是有时它会永远无法停止。如果你希望程序循环到宇宙毁灭，这是挺有用的，其他情况下，你还是希望循环最终结束的。

为了避免这样的问题，你需要遵循下面的规则。

1. 尽量少用 while 循环，大部分时候 for 循环是更好的选择。
2. 重复检查你的 while 语句，确定你测试的布尔表达式最终会变成 False。
3. 如果不确定，就在 while 循环的开始和结尾打印出你要测试的值，看看它的变化。

在这个习题中，你将通过上面的 3 件事情学会 while 循环。

ex33.py

```python
i = 0
numbers = []

while i < 6:
    print(f"At the top i is {i}")
    numbers.append(i)

    i = i + 1
    print("Numbers now: ", numbers)
    print(f"At the bottom i is {i}")


```

```
13  print("The numbers: ")
14
15  for num in numbers:
16      print(num)
```

应该看到的结果

习题 33 会话

```
$ python3.6 ex33.py
At the top i is 0
Numbers now:  [0]
At the bottom i is 1
At the top i is 1
Numbers now:  [0, 1]
At the bottom i is 2
At the top i is 2
Numbers now:  [0, 1, 2]
At the bottom i is 3
At the top i is 3
Numbers now:  [0, 1, 2, 3]
At the bottom i is 4
At the top i is 4
Numbers now:  [0, 1, 2, 3, 4]
At the bottom i is 5
At the top i is 5
Numbers now:  [0, 1, 2, 3, 4, 5]
At the bottom i is 6
The numbers:
0
1
2
3
4
5
```

巩固练习

1. 将这个 while 循环改成一个函数, 将测试条件 (i < 6) 中的 6 换成一个变量。
2. 使用这个函数重写你的脚本, 并用不同的数进行测试。
3. 为函数添加另外一个参数, 这个参数用来定义第 8 行的+1, 这样你就可以让它任意递增了。

4. 再使用该函数重写一遍这个脚本，看看效果如何。

5. 使用 `for` 循环和 `range` 把这个脚本再写一遍。还需要中间的递增操作吗？如果不去掉它，会有什么样的结果？

很有可能程序运行着停不下来了，这时你只要按着 Ctrl 再敲 C 键（Ctrl+C），这样程序就会中止下来了。

常见问题回答

for 循环和 **while** 循环有何不同？

`for` 循环只能对一些东西的集合进行循环，`while` 循环可以对任何对象进行循环。然而，相比起来 `while` 循环更难弄对，而一般的任务用 `for` 循环更容易一些。

循环好难啊，我该怎样理解？

觉得循环不好理解，很大程度上是因为不会顺着代码的运行方式去理解代码。当循环开始时，它会运行整个代码块，代码块结束后跳回到循环的顶部。如果想把整个过程可视化，可以在循环的各处加入 `print` 语句，用来追踪变量的变化过程。你可以在循环之前、循环的第一句、循环中间及循环结尾都放一些 `print` 语句，研究最后的输出，并试着理解循环的工作过程。

访问列表的元素

列表很有用，但只有能访问里边的内容它才能发挥出作用来。你已经学会了按顺序读出列表的内容，但如果要得到第 5 个元素该怎么办呢？你需要知道如何访问列表中的元素。访问第一个元素的方法是这样的：

```
animals = ['bear', 'tiger', 'penguin', 'zebra']
bear = animals[0]
```

你定义一个 animals 的列表，然后你用 0 来获取第一个元素？！这是怎么回事？因为数学里边就是这样，所以 Python 的列表也是从 0 开始的。虽然看上去很奇怪，这样定义其实有它的好处，而且实际上设计成 0 或者 1 开头都可以。

最好的解释方式是将平时使用数字的方式和程序员使用数字的方式进行对比。

假设你在观看上面列表中的 4 种动物（['bear', 'tiger', 'penguin', 'zebra']）赛跑，而它们比赛的名次正好跟列表里的次序一样。这是一场很激动人心的比赛，因为这些动物没打算吃掉对方，而且比赛还真的举办起来了。结果你的朋友来晚了，他想知道谁赢了比赛，他不会问你"嘿，谁是第 0 名？"他会问"嘿，谁是第 1 名？"

这是因为动物的次序是很重要的。没有第 1 个就没有第 2 个，没有第 2 个也没有第 3 个。第 0 个是不存在的，因为 0 的意思是什么都没有。"什么都没有"怎么赢比赛嘛，完全不合逻辑。这样的数我们称之为"序数"（ordinal number），因为它们表示的是事物的顺序。

而程序员不能用这种方式思考问题，因为他们可以从列表的任何一个位置取出一个元素来。对程序员来说，上述列表更像是一叠卡片。如果他们想要 tiger，就抓它出来，如果想要 zebra，也一样抓取出来。要随机地抓取列表里的内容，列表的每一个元素都应该有一个地址，或者一个"索引"（index），而最好的方式就是使用以 0 开头的索引。相信我说的这一点，这种方式获取元素会更容易。这类数被称为"基数"（cardinal number），它意味着你可以任意抓取元素，所以需要一个 0 号元素。

那么，这些知识对于你的列表操作有什么帮助呢？很简单，每次你对自己说"我要第 3 只动物"时，你需要将"序数"转换成"基数"，只要将前者减 1 就可以了。第 3 只动物的索引是 2，也就是 penguin。由于你一辈子都在跟序数打交道，所以你需要用这种方式来获得基数，只要减 1 就都搞定了。

记住：序数等于有序，从 1 开始；基数等于随机选取，从 0 开始。

来练习一下。定义一个动物列表，然后跟着做后面的练习，你需要写出所指位置的动物名称。如果我用的是"第 1""第 2"等说法，那说明我用的是序数，所以你需要减去 1。如果我给你的是基数（如"位置 1 的动物"），你只要直接使用即可。

```
animals = ['bear', 'python3.6', 'peacock', 'kangaroo', 'whale', 'platypus']
```

1. 位置 1 的动物。
2. 第 3 只动物。
3. 第 1 只动物。
4. 位置 3 的动物。
5. 第 5 只动物。
6. 位置 3 的动物。
7. 第 6 只动物。
8. 位置 4 的动物。

对于上述每一条，以这样的格式写出一个完整的句子："第 1 只动物在位置 0，是一只熊。"然后倒过来念："在位置 0 的是第 1 只动物，是一只熊。"

使用 Python 检查你的答案。

巩固练习

1. 以你对这些不同的数字类型的了解，解释一下为什么"January 1, 2010"里是 2010 而不是 2009？（提示：你不能随机挑选年份。）
2. 再写一些列表，用一样的方式做出索引，确认自己可以在两种数字之间互相翻译。
3. 使用 Python 检查自己的答案。

警告 会有程序员告诉你让你去阅读一个叫 Dijkstra 的人写的关于数的主题，我建议你还是不读为妙。除非你喜欢听一个在编程这一行刚兴起时就停止从事编程的人对你大喊大叫。

分支和函数

你已经学会了 if 语句、函数，还有列表。现在你要换换脑子了。录入下面的代码，看你是否能弄懂它实现的是什么功能。

ex35.py

```
1    from sys import exit
2
3    def gold_room():
4        print("This room is full of gold.  How much do you take?")
5
6        choice = input("> ")
7        if "0" in choice or "1" in choice:
8            how_much = int(choice)
9        else:
10           dead("Man, learn to type a number.")
11
12       if how_much < 50:
13           print("Nice, you're not greedy, you win!")
14           exit(0)
15       else:
16           dead("You greedy bastard!")
17
18
19   def bear_room():
20       print("There is a bear here.")
21       print("The bear has a bunch of honey.")
22       print("The fat bear is in front of another door.")
23       print("How are you going to move the bear?")
24       bear_moved = False
25
26       while True:
27           choice = input("> ")
28
29           if choice == "take honey":
30               dead("The bear looks at you then slaps your face off.")
31           elif choice == "taunt bear" and not bear_moved:
32               print("The bear has moved from the door.")
33               print("You can go through it now.")
34               bear_moved = True
```

```
35            elif choice == "taunt bear" and bear_moved:
36                dead("The bear gets pissed off and chews your leg off.")
37            elif choice == "open door" and bear_moved:
38                gold_room()
39            else:
40                print("I got no idea what that means.")
41
42
43   def cthulhu_room():
44       print("Here you see the great evil Cthulhu.")
45       print("He, it, whatever stares at you and you go insane.")
46       print("Do you flee for your life or eat your head?")
47
48       choice = input("> ")
49
50       if "flee" in choice:
51           start()
52       elif "head" in choice:
53           dead("Well that was tasty!")
54       else:
55           cthulhu_room()
56
57
58   def dead(why):
59       print(why, "Good job!")
60       exit(0)
61
62   def start():
63       print("You are in a dark room.")
64       print("There is a door to your right and left.")
65       print("Which one do you take?")
66
67       choice = input("> ")
68
69       if choice == "left":
70           bear_room()
71       elif choice == "right":
72           cthulhu_room()
73       else:
74           dead("You stumble around the room until you starve.")
75
76
77   start()
```

应该看到的结果

下面是我玩这个游戏的过程。

```
$ python3.6 ex35.py
You are in a dark room.
There is a door to your right and left.
Which one do you take?
> left
There is a bear here.
The bear has a bunch of honey.
The fat bear is in front of another door.
How are you going to move the bear?
> taunt bear
The bear has moved from the door.
You can go through it now.
> open door
This room is full of gold.  How much do you take?
> 1000
You greedy bastard! Good job!
```

巩固练习

1. 把这个游戏的地图画出来，把自己的路线也画出来。
2. 改正你的所有错误，包括拼写错误。
3. 为你不懂的函数写注释。
4. 为游戏添加更多元素。通过怎样的方式可以简化并且扩展游戏的功能？
5. 这个 gold_room 游戏使用了奇怪的方式让你键入一个数。这种方式会导致什么样的 bug？你能让它比我写的程序更好吗？int() 这个函数可以给你一些头绪。

常见问题回答

救命啊！太难了，这个程序是怎么工作的？

当你搞不懂的时候，就在每一行代码的上方写下注释，向自己解释这一行的功能。让你的注释保持简短，和代码类似。注释完后，就画一个工作原理的示意图，或者写一段文字描述一下。这样你就能弄懂了。

为什么你会写 while True?

这样可以创建一个无限循环。

exit(0) 有什么功能?

在很多类型的操作系统里，exit(0) 可以中止某个程序，而其中的数字参数则用来表示程序是否是遇到错误而中止的。exit(1) 表示发生了错误，而 exit(0) 则表示程序是正常退出的。这和我们学的布尔逻辑 0==False 正好相反，不过你可以用不一样的数字表示不同的错误结果。比如，你可以用 exit(100) 来表示另一种和 exit(2) 或 exit(1) 不同的错误。

为什么 input() 有时写成 input('> ')?

input 的参数是一个将会被打印出来的字符串，这个字符串一般用来提示用户输入。

设计和调试

现在你已经学会了 if 语句，我将给你一些使用 for 循环和 while 循环的规则，以免你日后遇到麻烦。我还会教你一些调试的小技巧，以便你能发现自己程序的问题。最后，你将需要设计一个和前一个习题类似的小游戏，不过内容略有更改。

if 语句的规则

1. 每一条 if 语句必须包含一个 else。
2. 如果这个 else 永远都不应该被执行到，因为它本身没有任何意义，那你必须在 else 语句后面使用一个叫 die 的函数，让它打印出出错消息并且"死"给你看，这和上一个习题类似，这样你可以找到很多的错误。
3. if 语句的嵌套不要超过两层，最好尽量保持只有一层。
4. 将 if 语句当作段落来对待，其中的每一个 if、elif 和 else 组合就跟一个段落的句子组合一样。在这种组合的最前面和最后面留一个空行以作区分。
5. 你的布尔测试应该很简单，如果它们很复杂，你需要在函数里将它们的运算事先放到一个变量里，并且为变量取一个好名字。

遵循上面的简单规则，你就会写出比大部分程序员都好的代码来。回到上一个习题中，看看我有没有遵循这些规则，如果没有的话，就将其改正过来。

警告 在日常编程中不要成为这些规则的奴隶。在训练中，你需要通过这些规则的应用来巩固学到的知识，而在实际编程中这些规则有时很蠢。如果你觉得哪个规则很蠢，就别使用它。

循环的规则

1. 只有在循环永不停止时使用"while 循环"，这意味着你可能永远都用不到。这一条只在 Python 中成立，其他语言另当别论。
2. 其他类型的循环都使用 for 循环，尤其是在循环的对象数量固定或者有限的情况下。

调试的小技巧

1. 不要使用"调试器"（debugger）。调试器所做的相当于对病人进行全身扫描。你并不会得到某方面的有用信息，而且你会发现它输出的信息太多，而且大部分没有用，或者只会让你更困惑。
2. 调试程序的最好的方法是使用 `print` 在各个想要检查的关键点将变量打印出来，从而检查那里是否有错。
3. 让程序一部分一部分地运行起来。不要等写了一大堆代码文件后才去运行它们，写一点儿，运行一点儿，再修改一点儿。

家庭作业

写一个和上一个习题类似的游戏。同类的任何题材的游戏都可以，花一个星期让它尽可能有趣一些。作为巩固练习，你可以尽量多使用列表、函数及模块，而且尽量多弄一些新的 Python 代码让你的游戏运行起来。

在你写代码之前，你应该设计出游戏的地图，创建出玩家会遇到的房间、怪物及陷阱等环节。

一旦搞定了地图，就可以写代码了。如果你发现地图有问题，就调整一下地图，让代码和地图互相匹配。

写软件最好的方法是像下面这样一点一点来。

1. 在纸上或者索引卡上列出你要完成的任务。这就是你的待办任务。
2. 从中挑出最简单的任务。
3. 在源代码文件中写下注释，作为你完成任务代码的指南。
4. 在注释下面写一些代码。
5. 快速运行你的代码，看它是否工作。
6. 循环"写代码，运行代码进行测试，修正代码"的过程。
7. 从任务列表中划掉这条任务，挑出下一个最简单的任务，重复上述步骤。

这个过程会帮你以系统且一致的方式写出软件来。在工作过程中，随时更新任务列表，添加新的任务，删除不必要的任务。

复习各种符号

现在该复习学过的符号和 Python 关键字了，而且在这个习题中你还会学到一些新的东西。我在这里所做的是将所有的 Python 符号和关键字列出来，这些都是要掌握的重点。

在这个习题中，你需要复习每一个关键字，从记忆中想起它的作用并且写下来，接着上网搜索它真正的功能。有些内容可能是无法搜索的，所以这对你可能有些难度，不过你还是需要坚持尝试。

如果你发现记忆中的内容有误，就在索引卡片上写下正确的定义，试着将自己的记忆纠正过来。

最后，将每一种符号和关键字用在程序里，你可以用一个小程序来做，也可以尽量多写一些程序来巩固记忆。这里的目标是明白各个符号的作用，确保自己没搞错，如果搞错了就纠正过来，然后将其用在程序里，从而加深自己的记忆。

关键字

关键字	描 述	示 例
and	逻辑与	True and False == False
as	with-as 语句的一部分	with X as Y: pass
assert	断言（确保）某东西为真	assert False, "Error!"
break	立即停止循环	while True: break
class	定义类	class Person(object)
continue	停止当前循环的后续步骤，再做一次循环	while True: continue
def	定义函数	def X(): pass
del	从字典中删除	del X[Y]
elif	else if 条件	if: X; elif: Y; else: J
else	else 条件	if: X; elif: Y; else: J
except	如果发生异常，运行此处代码	except ValueError, e: print(e)
exec	将字符串作为 Python 脚本运行	exec 'print("hello")'
finally	不管是否发生异常，都运行此处代码	finally: pass

关键字	描 述	示 例
for	针对物件集合执行循环	for X in Y: pass
from	从模块中导入特定部分	from x import Y
global	声明全局变量	global X
if	if 条件	if: X; elif: Y; else: J
import	将模块导入当前文件以供使用	import os
in	for 循环的一部分, 也可以 X 是否在 Y 中的条件判断	for X in Y: pass 以及 1 in [1] == True
is	类似于==, 判断是否一样	1 is 1 == True
lambda	创建短匿名函数	s = lambda y: y ** y; s(3)
not	逻辑非	not True == False
or	逻辑或	True or False == True
pass	表示空代码块	def empty(): pass
print	打印字符串	print('this string')
raise	出错后引发异常	raise ValueError("No")
return	返回值并退出函数	def X(): return Y
try	尝试执行代码, 出错后转到 except	try: pass
while	while 循环	while X: pass
with	将表达式作为一个变量, 然后执行代码块	with X as Y: pass
yield	暂停函数, 返回到调用函数的代码中	def X(): yield Y; X().next()

数据类型

针对每一种数据类型, 都举出一些例子来。例如, 针对 string, 你可以举出如何创建字符串, 针对 number, 你可以举出一些数值。

关键字	描 述	示 例
True	布尔值 "真"	True or False == True
False	布尔值 "假"	False and True == False
None	表示 "不存在" 或者 "没有值"	x = None
bytes	字节串存储, 可能是文本、PNG 图片、文件等	x = b'hello'

续表

关键字	描　　述	示　　例
strings	存储文本信息	x = 'hello'
numbers	存储整数	i = 100
Floats	存储十进制数	i = 10.389
lists	存储列表	j = [1,2,3,4]
dicts	存储键-值映射	e = {'x': 1, 'y': 2}

字符串转义序列

对于字符串转义序列，需要在字符串中应用它们，确保自己清楚地知道它们的功能。

转义符	描述
\\	反斜杠
\'	单引号
\"	双引号
\a	响铃
\b	退格符
\f	表单填充符
\n	换行符
\r	回车
\t	制表符
\v	垂直制表符

老式字符串格式

样的，在字符串中使用它们，了解它们的功能。Python 2 用这些格式化字符实现 f 字符串的功能，把它们作为替代方案试试。

转义符	描　　述	示　　例
%d	十进制整数（非浮点数）	"%d" % 45 == '45'
%i	和%d 一样	"%i" % 45 == '45'
%o	八进制数	"%o" % 1000 == '1750'

续表

转义符	描 述	示 例
%u	无符号整数	"%u" % -1000 == '-1000'
%x	小写十六进制数	"%x" % 1000 == '3e8'
%X	大写十六进制数	"%X" % 1000 == '3E8'
%e	指数表示，小写 e	"%e" % 1000 == '1.000000e+03'
%E	指数表示，大写 E	"%E" % 1000 == '1.000000E+03'
%f	浮点实数	"%f" % 10.34 == '10.340000'
%F	和 %f 一样	"%F" % 10.34 == '10.340000'
%g	%f 和 %e 中较短的一种	"%g" % 10.34 == '10.34'
%G	和 %g 一样，但是是大写	"%G" % 10.34 == '10.34'
%c	字符格式	"%c" % 34 == '"'
%r	Repr 格式（调试格式）	"%r" % int == "<type 'int'>"
%s	字符串格式	"%s there" % 'hi' == 'hi there'
%%	百分号自身	"%g%%" % 10.34 == '10.34%'

运算符

有些运算符你可能还不熟悉，一一看一下，研究一下它们的功能，如果研究不出来也没关系，记下来日后解决。

运算符	描 述	示 例
+	加	2 + 4 = 6
-	减	2 - 4 = -2
*	乘	2 * 4 = 8
**	幂	2 ** 4 = 16
/	除	2 / 4 = 0.5
//	除后向下取整	2 // 4 = 0
%	字符串翻译，或者求余数	2 % 4 = 2
<	小于	4 < 4 == False
>	大于	4 > 4 == False
<=	小于等于	4 <= 4 == True

续表

运算符	描　　述	示　　例
>=	大于等于	4 >= 4 == True
==	等于	4 == 5 == False
!=	不等于	4 != 5 == True
( )	括号	len('hi') == 2
[ ]	方括号	[1,3,4]
{ }	花括号	{'x': 5, 'y': 10}
@	修饰器符	@classmethod
,	逗号	range(0, 10)
:	冒号	def x():
.	点	self.x = 10
=	赋值	x = 10
;	分号	print('hi'); print('there')
+=	加后赋值	x = 1; x += 2
-=	减后赋值	x = 1; x -= 2
*=	乘后赋值	x = 1; x *= 2
/=	除后赋值	x = 1; x /= 2
//=	除后舍余并赋值	x = 1; x //= 2
%=	求余后赋值	x = 1; x %= 2
**=	求幂后赋值	x = 1; x **= 2

花大约一个星期学习这些内容，如果能提前完成就更好了。我们的目的是覆盖所有的符号类型，确认你已经牢牢记住它们。另外很重要的一点是，这样你可以找出自己还不知道哪些东西，为日后学习找到一些方向。

阅读代码

现在去找一些 Python 代码阅读一下。你需要自己找代码，然后从中学习一些东西。你学到的知识已经足够让你看懂一些代码了，但你可能还无法理解这些代码的功能。这个习题我会教你如何运用学到的知识理解别人的代码。

首先把你想要理解的代码打印到纸上。没错，你需要打印出来，因为和屏幕输出相比，你的眼睛和大脑更习惯于接受纸质打印的内容。一次最多打印几页就可以了。

然后通读打印出来的代码并做好笔记，笔记的内容包括以下几个方面。

1. 函数以及函数的功能。
2. 每个变量初始赋值的位置。
3. 每个在程序的各个部分中多次出现的同名变量。它们以后可能会给你带来麻烦。
4. 任何不包含 else 子句的 if 语句。它们是正确的吗？
5. 任何可能没有结束点的 while 循环。
6. 代码中任何你看不懂的部分。

接下来你需要通过注释的方式向自己解释代码的含义。解释各个函数的使用方法，各个变量的用途，以及任何其他方面的内容，只要能帮助你理解代码即可。

最后，在代码中比较难的各个部分，逐行或者逐个函数跟踪变量值。你可以再打印一份出来，在空白处写出要"追踪"的每个变量的值。

一旦基本理解了代码的功能，回到计算机前，在屏幕上重读一次，看看能不能找到新的问题点。然后继续找新的代码，用上述方法去阅读理解，直到你不再需要纸质打印为止。

巩固练习

1. 研究一下什么是"流程图"（flow chart），并学着画一下。
2. 如果在读代码的时候找出了错误，试着把它们改对，并把修改内容发给这段代码的作者。
3. 不使用纸质打印时，可以使用注释符号#在程序中加入笔记。有时这些笔记会对后来的读代码的人有很大的帮助。

常见问题回答

怎样在网上搜索这些东西？

在要搜索的东西前面加上"python 3"就可以了，比如说你要搜索 yield，就输入"python 3 yield"。

列表的操作

你已经学过了列表。在学习 while 循环的时候，你对列表进行过"追加"（append）操作，而且将列表的内容打印了出来。另外你应该还在巩固练习里研究过 Python 文档，看了列表支持的其他操作。这已经是一段时间以前的事了，如果你不记得了的话，就回到本书的前面再复习一遍吧。

找到了吗？还记得吗？很好。那时候你对一个列表执行了 append 函数。不过，你也许还没有真正明白发生的事情，所以现在我们再来看看可以对列表进行什么样的操作。

当你看到 mystuff.append('hello') 这样的代码时，事实上已经在 Python 内部激发了一个连锁反应，导致 mystuff 列表发生了一些变化。以下是它的工作原理。

1. Python 看到你用到了 mystuff，于是就去查找这个变量。也许它需要倒着检查看你有没有在哪里用=创建过这个变量，或者检查它是不是一个函数参数，或者看它是不是一个全局变量。不管哪种方式，它得先找到 mystuff 这个变量才行。

2. 一旦它找到了 mystuff，就轮到处理句点（.）这个运算符，而且开始查看 mystuff 内部的一些变量了。由于 mystuff 是一个列表，Python 知道 mystuff 支持一些函数。

3. 接下来轮到了处理 append。Python 会将 append 和 mystuff 支持的所有函数的名称一一对比，如果确实其中有一个叫 append 的函数，那么 Python 就会去使用这个函数。

4. 接下来 Python 看到了括号（()）并意识到："噢，原来这应该是一个函数。"到了这里，它就会正常调用这个函数了，不过调用这个函数还要带一个额外的参数才行。

5. 这个额外的参数其实是 mystuff！我知道，很奇怪是不是？不过这就是 Python 的工作原理，所以还是记住这一点，就当它是正常的好了。真正发生的事情其实是 append(mystuff, 'hello')，不过你看到的只是 mystuff.append('hello')。

大部分时候你不需要知道这些细节，不过如果你看到一个像下面这样的 Python 出错消息的时候，上面的细节对你就很有用了：

```
$ python3.6
>>> class Thing(object):
...     def test(message):
...             print(message)
```

```
...
>>> a = Thing()
>>> a.test("hello")
Traceback (most recent call last):
  File "<stdin>", line 1, in <module>
TypeError: test() takes exactly 1 argument (2 given)
>>>
```

这都是些什么呀？嗯，这个是我在 Python 命令行下展示给你的一点"魔法"。你还没有见过 class，不过后面很快就要见到了。现在你看到 Python 说 test() takes exactly 1 argument (2 given)（test() 只可以接收一个参数，实际上给了两个）。这意味着，Python 把 a.test("hello") 改成了 test(a, "hello")，而有人弄错了，没有为它添加 a 这个参数。

一下子要消化这么多内容可能有点儿难度，不过下面会做几个练习，让你头脑中对这个概念有一个深刻的印象。下面的习题将字符串和列表混在一起，看看你能不能在里边找出点乐趣来。

ex38.py

```python
1   ten_things = "Apples Oranges Crows Telephone Light Sugar"
2
3   print("Wait there are not 10 things in that list. Let's fix that.")
4
5   stuff = ten_things.split(' ')
6   more_stuff = ["Day", "Night", "Song", "Frisbee",
7                 "Corn", "Banana", "Girl", "Boy"]
8
9   while len(stuff) != 10:
10      next_one = more_stuff.pop()
11      print("Adding: ", next_one)
12      stuff.append(next_one)
13      print(f"There are {len(stuff)} items now.")
14
15  print("There we go: ", stuff)
16
17  print("Let's do some things with stuff.")
18
19  print(stuff[1])
20  print(stuff[-1]) # whoa! fancy
21  print(stuff.pop())
22  print(' '.join(stuff)) # what? cool!
23  print('#'.join(stuff[3:5])) # super stellar!
```

应该看到的结果

```
$ python3.6 ex38.py
Wait there are not 10 things in that list, let's fix that.
Adding:  Boy
There are 7 items now.
Adding:  Girl
There are 8 items now.
Adding:  Banana
There are 9 items now.
Adding:  Corn
There are 10 items now.
There we go:  ['Apples', 'Oranges', 'Crows', 'Telephone', 'Light', 'Sugar',
    'Boy' , 'Girl', 'Banana', 'Corn']
Let's do some things with stuff.
Oranges
Corn
Corn
Apples Oranges Crows Telephone Light Sugar Boy Girl Banana
Telephone#Light
```

列表可以做什么

　　假设你要创建一个基于《Go Fish》的游戏。如果你不知道《Go Fish》是什么，就去网上查一下。要实现这个游戏，你需要有一个办法，把"一摞纸牌"这一概念写到 Python 程序中。然后你要写 Python 代码去操作这摞纸牌，让玩家觉得他是真的在玩纸牌。这个"一摞纸牌"的结构，被程序员称为"数据结构"。

　　数据结构是什么？思考一下就知道了，数据结构只是组织数据的正式方法。就这么简单。尽管有的数据结构会极度复杂，但它也只是在程序中存储数据的一种方式而已，它们所做的事情就是把数据结构化。

　　后面的习题我会讲更深，现在你只要知道，列表是程序员最常用的一种数据结构。列表就是一种有序的列表，你可以把要存储的东西放进去，也可以访问其中的元素，访问可以随机，也可以通过索引进行线性访问。什么？！记住我说的：不要听到程序员说"列表就是列表"就头疼，程序员的列表并不比真实世界的列表更复杂，我们把一摞纸牌作为列表看看。

1. 你有一堆纸牌，每张都有一个值。
2. 这些纸牌排成一摞，即一个从上到下的列表。

3. 然后你可以从上面或者下面取牌，也可以从中间随机抽一张牌。

4. 如果你要某张特定的牌，你需要一张一张检查，直到找出那张牌为止。

再看看我说的东西。

- **有序的列表**：是的，纸牌是从头到尾有序排列的。
- **要存储的东西**：就是我的纸牌了。
- **随机访问**：我可以从牌中抽取任意一张。
- **线性**：如果我要找到某张牌，我可以从第一张开始，依次寻找。
- **通过索引**：差不多是这样，如果我告诉你找出第 19 张牌，你需要数到 19 然后找到这张牌。在 Python 列表里，如果你要某个索引位置的牌，计算机可以直接跳到索引对应的位置将其找出来。

这就是列表的所有功能了，这个方法应该能让你理解编程的概念。每个编程概念都和现实世界的某样东西有关，至少对于有用的编程概念来说是这样的。如果你能在现实世界中找到类比，那你就能弄明白这个数据结构有什么功用。

什么时候使用列表

只要能匹配到列表数据结构的有用功能，你就能使用列表。

1. 如果你需要维持次序。记住，这里指的是列表内容排列顺序，而不是按某个规则排过顺序的意思。列表不会自动为你按规则排序。

2. 如果你急需要通过一个数字来随机访问内容。记住，你要使用从 0 开始的基数访问。

3. 如果你需要线性（从头到尾）访问内容。记住，这就是 `for` 循环的用处。

巩固练习

1. 取出每一个被调用的函数，跟着将函数调用的步骤翻译成 Python 实际执行的动作。例如，`more_stuff.pop()` 其实是 `pop(more_stuff)`。

2. 将这两种方式翻译为自然语言。例如，`more_stuff.pop()` 可以翻译成"在 `more_stuff` 上调用 pop 函数"，而 `pop(more_stuff)` 的意思是"用 `more_stuff` 作为参数调用 pop 函数"。弄懂为什么这其实是同一件事情。

3. 上网阅读一些关于"面向对象编程"（object oriented programming，OOP）的资料。晕了吧？嗯，我以前也是。别担心。你将从这本书学到足够的关于面向对象编程的基础知识，以后你还可以慢慢学到更多。

4. 查一下 Python 中的"类"（class）是什么东西。不要阅读关于其他语言的"类"的用法，这会让你更糊涂。

5. 如果你不知道我讲的是什么，别担心。程序员为了显得自己聪明，发明了面向对象编程，然后他们就开始滥用这个东西了。如果你觉得这东西太难，可以试试使用"函数式编程"（functional programming）。

6. 在实际生活中找出 10 个适合用列表表达的例子。写一些脚本，用来处理这些数据。

常见问题回答

你不是说别用 while 循环吗？

是的。要记住，有时候如果你有很好的理由，那么规则也是可以打破的。死守着规则不放是不明智的。

为什么 join(' ', stuff)不灵？

join 的文档写得有问题。其实它不是这么工作的，它是在你要插入的字符串上调用的一个方法函数，函数的参数是你要连接的多个字符串构成的数组，所以应该写作''.join(stuff)。

为什么你用了 while 循环？

用 for 循环重写一遍，看看是不是更容易实现。

stuff[3:5]实现了什么功能？

这是一个列表"切片"动作，它会从 stuff 列表的索引为 3 的元素开始取值，直到索引为 4 的元素。注意，这里并不包含索引为 5 的元素，这跟 range(3,5)的情况是一样的。

字典，可爱的字典

接下来你要学习 Python 的"字典"数据结构了，字典是类似列表的一种存储数据的方法，但要获取其中的数据，你用的不是数值索引，而是任何你想用的东西。这样你就可以把字典当作数据库来存储和组织数据了。

我们比较一下字典和列表的功能。你看，列表可以让你做这样的事情。

习题 39　Python 会话

```
>>> things = ['a', 'b', 'c', 'd']
>>> print(things[1])
b
>>> things[1] = 'z'
>>> print(things[1])
z
>>> things
['a', 'z', 'c', 'd']
```

你可以使用数值作为列表的索引，也就是可以通过数值找到列表中的元素。到目前为止，你应该了解这一点，但是请确定你已经理解：你只能使用数值来获取列表中的项。

字典所做的是，让你可以通过任何东西（不只是数值）找到元素。是的，字典可以将一样东西和另外一样东西关联，不管它们的类型是什么，我们来看看。

习题 39　Python 会话

```
>>> stuff = {'name': 'Zed', 'age': 39, 'height': 6*12+2}
>>> print(stuff['name'])
Zed
>>> print(stuff['age'] )
39
>>> print(stuff['height'] )
74
>>> stuff['city'] = "SF"
>>> print(stuff['city'])
SF
```

你将看到除了通过数值，还可以用字符串来从字典中获取 stuff，我们还可以用字符串来往字典中添加元素。当然它支持的不只有字符串，我们还可以做下面这样的事情。

```
>>> stuff[1] = "Wow"
>>> stuff[2] = "Neato"
>>> print(stuff[1])
Wow
>>> print(stuff[2])
Neato
```

在这里我使用了两个数值。其实我可以使用任何东西，不过这么说并不准确，你先这么理解就行了。

当然了，一个只能放东西进去的字典是没什么意思的，所以我们还要有删除东西的方法，也就是使用 del 这个关键字。

```
>>> del stuff['city']
>>> del stuff[1]
>>> del stuff[2]
>>> stuff
{'name': 'Zed', 'age': 39, 'height': 74}
```

字典的例子

接下来要做一个练习，你必须非常仔细。我要求你录入这个习题的代码，然后试着弄懂它做了些什么。注意为字典添加元素，从散列值获取元素，以及别的操作是怎样实现的。这个例子先把美国的州名与其简称映射起来，再把州名简称与其城市名称映射起来。记住，字典的关键理念就是映射（或关联）。

ex39.py

```
1   # create a mapping of state to abbreviation
2   states = {
3       'Oregon': 'OR',
4       'Florida': 'FL',
5       'California': 'CA',
6       'New York': 'NY',
7       'Michigan': 'MI'
8   }
9
10  # create a basic set of states and some cities in them
11  cities = {
12      'CA': 'San Francisco',
13      'MI': 'Detroit',
14      'FL': 'Jacksonville'
```

```
15    }
16
17    # add some more cities
18    cities['NY'] = 'New York'
19    cities['OR'] = 'Portland'
20
21    # print out some cities
22    print('-' * 10)
23    print("NY State has: ", cities['NY'])
24    print("OR State has: ", cities['OR'])
25
26    # print some states
27    print('-' * 10)
28    print("Michigan's abbreviation is: ", states['Michigan'])
29    print("Florida's abbreviation is: ", states['Florida'])
30
31    # do it by using the state then cities dict
32    print('-' * 10)
33    print("Michigan has: ", cities[states['Michigan']])
34    print("Florida has: ", cities[states['Florida']])
35
36    # print every state abbreviation
37    print('-' * 10)
38    for state, abbrev in list(states.items()):
39        print(f"{state} is abbreviated {abbrev}")
40
41    # print every city in state
42    print('-' * 10)
43    for abbrev, city in list(cities.items()):
44        print(f"{abbrev} has the city {city}")
45
46    # now do both at the same time
47    print('-' * 10)
48    for state, abbrev in list(states.items()):
49        print(f"{state} state is abbreviated {abbrev}")
50        print(f"and has city {cities[abbrev]}")
51
52    print('-' * 10)
53    # safely get a abbreviation by state that might not be there
54    state = states.get('Texas')
55
56    if not state:
57        print("Sorry, no Texas.")
58
59    # get a city with a default value
60    city = cities.get('TX', 'Does Not Exist')
61    print(f"The city for the state 'TX' is: {city}")
```

应该看到的结果

```
$ python3.6 ex39.py
----------
NY State has:  New York
OR State has:  Portland
----------
Michigan's abbreviation is: MI
Florida's abbreviation is: FL
----------
Michigan has: Detroit
Florida has: Jacksonville
----------
Oregon is abbreviated OR
Florida is abbreviated FL
California is abbreviated CA
New York is abbreviated NY
Michigan is abbreviated MI
----------
CA has the city San Francisco
MI has the city Detroit
FL has the city Jacksonville
NY has the city New York
OR has the city Portland
----------
Oregon state is abbreviated OR
and has city Portland
Florida state is abbreviated FL
and has city Jacksonville
California state is abbreviated CA
and has city San Francisco
New York state is abbreviated NY
and has city New York
Michigan state is abbreviated MI
and has city Detroit
----------
Sorry, no Texas.
The city for the state 'TX' is: Does Not Exist
```

字典可以做什么

字典是义一种数据结构，和列表一样，它是编程中最常用的数据结构之 。字典的用处是把你要存储的东西和你的键映射或者关联起来。再强调一次，程序员说的"字典"和我们用来查字的字典差不多，所以我们可以以实际的字典为例说明一下。

假设你要查一下"honorificabilitudinitatibus"是什么意思，现在你只要将这个单词复制到搜索引擎里就能查到答案，我们也可以说搜索引擎就是一个很大、很复杂的《牛津英语词典》。在搜索引擎存在之前，我们是这样做的。

1. 到图书馆找一本词典，假设就是《牛津英语词典》好了。
2. 你知道 honorificabilitudinitatibus 第一个字母是 H，所以你在字典边上找到 H 标签。
3. 翻几页，直到接近开头是 hon 的页面。
4. 再翻几页，直到找到 honorificabilitudinitatibus，或者你一直找下去碰到了 hp 开头的词，这说明词典里没有你要找的词。
5. 找到以后，阅读定义，看它是什么意思。

这一过程和"字典"的工作原理几乎完全一致，你把单词"honorificabilitudinitatibus"映射到了它的定义。Python 的字典和《牛津英语词典》之类的字典是很相似的。

巩固练习

1. 用一样的映射方式，匹配一下你们国家或者别的国家的省和城市。
2. 在 Python 文档中找到字典的相关内容，学着对字典做更多的操作。
3. 找出一些字典无法做到的事情。

常见问题回答

列表和字典有何不同？
列表是一些项的有序排列，而字典是将一些项（键）对应到另外一些项（值）的数据结构。

字典能用在哪里？
各种需要通过某个值去查看另一个值的场合。事实上，你也可以把字典叫"查找表"。

列表能用在哪里？
列表是专供需要有序排列的数据使用的。只要知道索引就能查到对应的值了。

有没有办法弄一个可以排序的字典？
看看 Python 里的 collections.OrderedDict 数据结构。上网搜索一下其文档和用法。

模块、类和对象

Python 是一种"面向对象编程语言"。这种说法的意思是，Python 里边有一种叫类（class）的结构，通过它可以用一种特殊的方式构造软件。使用类，可以加强程序的一致性，使用起来也会更为整洁——至少理论上应该是这样的。

现在我要教你的是面向对象编程的初步知识，我会用你学过的知识介绍面向对象编程、类及对象。问题是面向对象编程本身就是个奇怪的东西，只有努力去弄懂这个习题的内容，好好录入代码，到下一个习题才能把 OOP 像钉子一样钉到脑子里了。

现在就开始吧。

模块和字典差不多

你知道怎样创建和使用字典，这是一种将一种东西对应到另外一种的方式。这意味着，如果你有一个字典，它里边有一个叫'apple'的键（key），而你要从中取值（value）的话，你需要像下面这样做。

ex40a.py

```
1  mystuff = {'apple': "I AM APPLES!"}
2  print(mystuff['apple'])
```

记住这个"从 Y 获取 X"的概念，现在再来看看模块（module），你已经创建和使用过一些模块了，已经了解了它们的一些属性。

1. 模块是包含函数和变量的 Python 文件。
2. 可以导入这个文件。
3. 然后可以使用.操作符访问模块中的函数和变量。

假如说我有一个模块名字叫 mystuff.py，并且里边放了个叫 apple 的函数，就像下面这样。

ex40a.py

```
1  # this goes in mystuff.py
2  def apple():
3      print("I AM APPLES!")
```

接下来就可以用 import 来调用这个模块，并且访问 apple 函数。

ex40a.py

```
1  import mystuff
2  mystuff.apple()
```

我还可以放一个叫 tangerine 的变量到模块里边。

ex40a.py

```
1  def apple():
2      print("I AM APPLES!")
3
4  # this is just a variable
5  tangerine = "Living reflection of a dream"
```

同样，还是可以访问这个变量。

ex40a.py

```
1  import mystuff
2
3  mystuff.apple()
4  print(mystuff.tangerine)
```

回到字典的概念，你会发现这和字典的使用方式有点儿相似，只不过语法不同而已。我们来比较一下。

ex40a.py

```
1  mystuff['apple'] # get apple from dict
2  mystuff.apple() # get apple from the module
3  mystuff.tangerine # same thing, it's just a variable
```

也就是说，Python 里边有一个非常常用的模式：

1. 拿一个类似"键=值"风格的容器；
2. 通过"键"的名称获取其中的"值"。

对于字典来说，键是一个字符串，获得值的语法是"[key]"。对于模块来说，key 是函数或者变量的名称，而语法是".key"。除了这个，它们基本上就没什么区别了。

类和模块差不多

你可以把模块当作一种专用的字典，你通过它可以存储一些 Python 代码，并通过"."运算符访问这些代码。Python 还有另外一种代码结构用来实现类似的目的，那就是类。通过类，你可以把一组函数和数据放到一个容器中，从而用"."运算符访问它们。

如果要用创建 mystuff 模块的方法来创建一个类，那么方法大致是下面这样的。

ex40a.py

```
1  class MyStuff(object):
2
3      def __init__(self):
4          self.tangerine = "And now a thousand years between"
5
6      def apple(self):
7          print("I AM CLASSY APPLES!")
```

和模块比起来这看起来有些复杂，与模块相比，这里的确做了很多事情。不过你应该能大致看出来，这段代码差不多就是模拟了一个名字叫 MyStuff 的迷你模块，里边有一个叫 apple() 的函数，难懂的恐怕是 __init__() 函数，还有就是设置 tangerine 实例变量时用到的 self.tangerine。

使用类而非模块的原因如下：你可以拿上面这个 MyStuff 类重复创建出很多出来，哪怕是一次 100 万个，它们也会互不干涉。而对于模块来说，一次导入之后，整个程序里就只有这么一份内容，只有鼓捣得很深才能弄点儿花样出来。

不过在弄懂这个之前，你要先理解"对象"（object）是什么东西，以及如何使用 MyStuff 达到类似 mystuff.py 模块的结果。

对象和 **import** 差不多

如果说类和迷你模块差不多，那么对类来说，也必然有一个类似导入（import）的概念。这个概念就叫"实例化"（instantiate）。这只是一种故作高深的叫法而已，它的意思其实是"创建"。当你将一个类"实例化"以后，你得到的就叫对象（object）。

将类实例化（创建类）的方法就是像调用函数一样地调用一个类。

ex40a.py

```
1  thing = MyStuff()
2  thing.apple()
3  print(thing.tangerine)
```

第一行代码就是"实例化"操作，这和调用函数很相似。然而，当你进行实例化操作时，Python 在背后做了一系列的工作，下面就针对上面的代码详细解释一下。

1. Python 查找 MyStuff() 并且知道了它是你定义过的一个类。
2. Python 创建了一个空对象，里边包含了你在该类中用 def 指定的所有函数。
3. 然后 Python 回去检查你是不是在里边创建了一个 __init__ "魔法"函数，如果有创建，它就会调用这个函数，从而对你新创建的空对象实现了初始化。
4. 在 MyStuff 的 __init__ 函数里，有一个多余的函数叫 self，这就是 Python 为你创建的空对象，而你可以对它进行类似模块、字典等的操作，为它设置一些变量。

5. 在这里，我把 `self.tangerine` 设成了一段歌词，这样我就初始化了该对象。

6. 最后 Python 将这个新建的对象赋给一个叫 `thing` 的变量，以供后面使用。

　　这就是当你像调用函数一样调用类的时候 Python 完成这个"迷你导入"的过程。记住这不是拿来一个类就直接用，而是将类当作一个"蓝图"，然后用它创建和这个类有相同属性的副本。

　　提醒一点，我的解释和 Python 的实际原理还是有一点小小的出入的，在这里，基于你现有的关于模块的知识，我也只能暂时这么解释了。事实上，类和对象与模块是完全不同的东西。如果实实在在地跟你讲，我大概会说出下面这些内容。

- 类就像一种蓝图或者一种预定义的东西，通过它可以创建新的迷你模块。
- 实例化的过程相当于你创建了这么一个迷你模块，而且同时导入了它。"实例化"的意思就是从类创建一个对象。
- 结果创建的迷你模块就是一个对象，你可以将它赋给一个变量供后续操作。

　　到这里，对象与模块的行为已经不一样了，所以这里的内容只是为了帮你理解类的概念而已。

获取某样东西里包含的东西

　　现在有 3 种方法可以从某个东西里获取东西：

ex40a.py

```
1   # dict style
2   mystuff['apples']
3
4   # module style
5   mystuff.apples()
6   print(mystuff.tangerine)
7
8   # class style
9   thing = MyStuff()
10  thing.apples()
11  print(thing.tangerine)
```

第一个类的例子

　　你应该注意到了这 3 种"键=值"容器类型的相似性，而且有一些问题要问。先别问，下一个习题会让你了解面向对象编程的一些专有词汇。在这个习题里，我只要求你录入代码并让它运行起来，有了经验才能继续前进。

```
1   class Song(object):
2
3       def __init__(self, lyrics):
4           self.lyrics = lyrics
5
6       def sing_me_a_song(self):
7           for line in self.lyrics:
8               print(line)
9
10  happy_bday = Song(["Happy birthday to you",
11                     "I don't want to get sued",
12                     "So I'll stop right there"])
13
14  bulls_on_parade = Song(["They rally around the family",
15                          "With pockets full of shells"])
16
17  happy_bday.sing_me_a_song()
18
19  bulls_on_parade.sing_me_a_song()
```

应该看到的结果

习题 40 会话

```
$ python3.6 ex40.py
Happy birthday to you
I don't want to get sued
So I'll stop right there
They rally around the family
With pockets full of shells
```

巩固练习

1. 使用这种方式写更多的歌进去，确保自己弄懂了传入的歌词是一个字符串列表。
2. 将歌词放到另一个变量里，然后在类里使用这个新定义的变量。
3. 试着看能不能给它加些新功能，不知道怎么做也没关系，只要试着去做就行，看会发生什么。尽管瞎折腾，弄坏了也没关系，反正程序不会觉得疼。
4. 在网上搜索一下"object oriented programming"（面向对象编程），给自己洗洗脑。弄不懂也没关系，其实里边有一半的东西我也不理解。

常见问题回答

为什么创建__init__或者别的类函数时需要多加一个 self 变量？

如果不加 self，cheese = 'Frank'这样的代码就有歧义了，它指的既可能是实例的 cheese 属性，也可能是一个叫 cheese 的局部变量。有了 self.cheese = 'Frank'就清楚地知道这指的是实例的属性 self.cheese。

学习面向对象术语

在 这个习题中我将教你面向对象的术语。我会给你一些你需要知道的专有词汇的定义，然后给你一系列需要你填空的句子，你要按自己的理解将其补充完整，最后我会给你很多练习，以巩固这些新词汇。

专有词汇练习

- **类**（class）：告诉 Python 创建新类型的东西。
- **对象**（object）：两个意思，即最基本的东西，或者某样东西的实例。
- **实例**（instance）：这是让 Python 创建一个类时得到的东西。
- **def**：这是在类里边定义函数的方法。
- **self**：在类的函数中，self 指代被访问的对象或者实例的一个变量。
- **继承**（inheritance）：指一个类可以继承另一个类的特性，和父子关系类似。
- **组合**（composition）：指一个类可以将别的类作为它的部件构建起来，有点儿像车子和车轮的关系。
- **属性**（attribute）：类的一个属性，它来自于组合，而且通常是一个变量。
- **是什么**（is-a）：用来描述继承关系，如 Salmon is-a Fish（鲑鱼是一种鱼）。
- **有什么**（has-a）：用来描述某个东西是由另外一些东西组成的，或者某个东西有某个特征，如 Salmon has-a mouth（鲑鱼有一张嘴）。

好了，花时间做几张速记卡，把它们记下来。一样的，一开始看上去这些东西没什么意义，但是为了做这个习题，需要先把它们记下来，后面会慢慢理解这些术语的。

措辞练习

接下来我给出了一些代码，以及用来描述代码的句子。

- **class X(Y)**：创建一个叫 X 的类，它是 Y 的一种。
- **class X(object): def __init__(self, J)**：类 X 有一个 __init__，它接收 self 和 J 作为参数。
- **class X(object): def M(self, J)**：类 X 有一个名为 M 的函数，它接收 self 和 J 作为参数。

- **foo = X()**：将 foo 设为类 X 的一个实例。
- **foo.M(J)**：从 foo 中找到 M 函数，并使用 self 和 J 参数调用它。
- **foo.K = Q**：从 foo 中获取 K 属性，并将其设为 Q。

在上述每一条当中，你看到 X、Y、M、J、K、Q 及 foo 的地方都可以将它们当作空白点来对待。例如，还可以将句子写成下面这样。

1. 创建一个叫???的类，它是 Y 的一种。
2. 类???有一个 __init__，它接收 self 和???作为参数。
3. 类???有一个名为???的函数，它接收 self 和???作为参数。
4. 将 foo 设为类???的一个实例。
5. 从 foo 中找到???函数，并使用 self 和???参数调用它。
6. 从 foo 中获取???属性，并将其设为???。

一样的，将这些写在速记卡上并记下来。将 Python 代码放在正面，解释的句子放在背面。每次看到同样语法格式的代码，你都应该能准确地说出这些句子。大致相同是不够的，要做到一字不差。

混合巩固练习

最后给你准备的材料是将专有词汇练习和措辞练习搭配起来。我想让你做的是下面几件事。

1. 拿一张措辞卡并且记下来。
2. 翻到背面朗读句子，然后针对句子中的每个专有词汇，找到对应的专有词汇卡。
3. 再去记忆这些句子的专有词汇。
4. 持续练习，直到烦了为止，然后可以休息一下接着记。

阅读测试

现在有一小段 Python 代码，利用这段代码你可以无穷尽地去记忆这里的专有词汇。这段代码很简单，你应该能看明白，它唯一的功能就是调用了一个叫 urllib 的库，然后下载这些专有词汇。你应该把下面这段脚本录入并保存到 oop_test.py 文件中，然后运行它。

ex41.py

```
1  import random
2  from urllib.request import urlopen
3  import sys
4
```

```
5    WORD_URL = "http://learncodethehardway.org/words.txt"
6    WORDS = []
7
8    PHRASES = {
9        "class %%%(%%%):":
10         "Make a class named %%% that is-a %%%.",
11       "class %%%(object):\n\tdef __init__(self, ***)" :
12         "class %%% has-a __init__ that takes self and *** params.",
13       "class %%%(object):\n\tdef ***(self, @@@)":
14         "class %%% has-a function *** that takes self and @@@ params.",
15       "*** = %%%()":
16         "Set *** to an instance of class %%%.",
17       "***.***(@@@)":
18         "From *** get the *** function, call it with params self, @@@.",
19       "***.*** = '***'":
20         "From *** get the *** attribute and set it to '***'."
21   }
22
23   # do they want to drill phrases first
24   if len(sys.argv) == 2 and sys.argv[1] == "english":
25       PHRASE_FIRST = True
26   else:
27       PHRASE_FIRST = False
28
29   # load up the words from the website
30   for word in urlopen(WORD_URL).readlines():
31       WORDS.append(str(word.strip(), encoding="utf-8"))
32
33
34   def convert(snippet, phrase):
35       class_names = [w.capitalize() for w in
36                       random.sample(WORDS, snippet.count("%%%"))]
37       other_names = random.sample(WORDS, snippet.count("***"))
38       results = []
39       param_names = []
40
41       for i in range(0, snippet.count("@@@")):
42           param_count = random.randint(1,3)
43           param_names.append(', '.join(
44               random.sample(WORDS, param_count)))
45
46       for sentence in snippet, phrase:
47           result = sentence[:]
48
49           # fake class names
50           for word in class_names:
51               result = result.replace("%%%", word, 1)
```

```
52
53          # fake other names
54          for word in other_names:
55              result = result.replace("***", word, 1)
56
57          # fake parameter lists
58          for word in param_names:
59              result = result.replace("@@@", word, 1)
60
61          results.append(result)
62
63      return results
64
65
66  # keep going until they hit CTRL-D
67  try:
68      while True:
69          snippets = list(PHRASES.keys())
70          random.shuffle(snippets)
71
72          for snippet in snippets:
73              phrase = PHRASES[snippet]
74              question, answer = convert(snippet, phrase)
75              if PHRASE_FIRST:
76                  question, answer = answer, question
77
78              print(question)
79
80              input("> ")
81              print(f"ANSWER:  {answer}\n\n")
82  except EOFError:
83      print("\nBye")
```

运行这段脚本，并试着将面向对象措辞翻译成日常语言。你应该能看到 PHRASES 字典结构中有两种不同格式，只要输入正确的就可以了。

练习从语言到代码

接下来你应该用 english 选项运行脚本，这样就可以反向练习了：

```
$ python oop_test.py english
```

记住，这些短语用了一些毫无意义的单词。学习阅读代码的一部分就是读到变量名时不要过多地想象它的意义。很多时候人看到某个词会走神，比如看到"Cork"，因为他不确定它究竟是什么意思。上面的例子中，"Cork"只是一个任选的变量名称而已。不要过多想它的意思，好好做练习就可以了。

阅读更多代码

现在你要去找更多的代码，用上面习题中用到的措辞来阅读。你要找到所有带类的文件，然后完成下列步骤。

1. 针对每一个类，指出它的名称，以及它是继承于哪些类的。
2. 列出每个类中的所有函数，以及这些函数的参数。
3. 列出类中用在 self 上的所有属性。
4. 针对每一个属性，指出它是来自哪个类。

这样做的目的是通过实际代码让你学着将学到的措辞和它们的实际应用匹配起来。之前你只是有一些模糊的概念，如果你记的足够深刻，就应该可以在代码中轻易看出这些套路了。

常见问题回答

result = sentence[:]是什么意思？

这是 Python 中复制列表的方法。你正在使用"列表切片"（list slicing）语法 [:] 对列表中的所有元素进行切片操作。

这段脚本好难运行！

到现在为止，你应该有能力录入这段代码并让它运行起来了。里边确实有一些小的迷惑人的地方，不过没有什么复杂的东西。就用你学到的知识调试脚本就行了。录入每一行代码，确认和我的一字不差，不懂就在网上搜索一下。

还是好难！

你能做到的。慢慢来，有必要的话一个字符一个字符来，但要保证录入的内容和我的一字不差，并弄明白代码的功能。

对象、类及从属关系

有一个重要的概念需要弄明白，那就是"类"（class）和"对象"（object）的区别。问题在于，类和对象并没有真正的区别。它们其实是同样的东西，只是在不同的时间点名字不同罢了。我用禅语来解释一下吧：

> 鱼和泥鳅有什么区别？

这个问题有没有让你有点儿晕呢？说真的，坐下来想一分钟。我的意思是说，鱼和泥鳅是不一样，不过它们其实也是一样的，是不是？泥鳅是鱼的一种，所以说没什么不同，不过泥鳅又有些特别，它和别的种类的鱼的确不一样，比如泥鳅和黄鳝就不一样，所以泥鳅和鱼既相同又不同。奇怪吧。

这个问题让人晕的原因是大部分人不会这样去思考问题，其实每个人都懂这一点，你无须去思考鱼和泥鳅的区别，因为你知道它们之间的关系。你知道泥鳅是鱼的一种，而且鱼还有别的种类，根本就没必要去思考这类问题。

让我们更进一步，假设你有一只水桶，里边有 3 条泥鳅。假设你的好人卡多到没地方用，于是你给它们分别取名叫小方、小乔和小丽。现在想想这个问题：

> 小丽和泥鳅有什么区别？

这个问题一样的奇怪，但比起鱼和泥鳅的问题来还好点儿。你知道小丽是一条泥鳅，所以它并没什么不同，它只是泥鳅的一个"实例"（instance）。小乔和小方一样也是泥鳅的实例。我说的"实例"是指什么呢？我的意思是说它们是从泥鳅创建出来，而且具有泥鳅属性的具体、真实的东西。

所以我们的思维方式是（你可能会有点儿不习惯）：鱼是一个"类"，泥鳅是一个"类"，而小丽是一个"对象"。仔细想想，然后我再一点一点慢慢给你解释。

鱼是一个"类"，表示它不是一个具体的东西，而是一个用来描述具有同类属性的实例的概括性的词汇。有鳍？有鳔？生活在水里？好吧，那它就是鱼。

后来水产博士路过，看到你的水桶，于是告诉你："小伙子，这是鲤形目鳅科的泥鳅。"专家一出，真相即现，并且专家还定义了一个新的叫"泥鳅"的"类"，而这个"类"又有它特定的属性。细长条？有胡须？爱钻泥巴？炖着吃味道还可以？那它就是一条泥鳅。

最后大厨路过，他跟水产博士说："什么乱七八糟的，你看那条泥鳅，我叫它小丽，我要把小丽和剁椒配一起做一道小菜。"于是你就有了一只叫小丽的泥鳅的"实例"（泥鳅也是鱼的一个"实例"），并且你使用了它（把它塞到你的胃里了），这样它就是一个"对象"。

这回你应该了解了：小丽是一种泥鳅，而泥鳅又是一种鱼。也就是说，对象是一个类，而一个类又是另一个类。

代码写成什么样子

这个概念有点儿绕，不过实话说，你只要在创建和使用类的时候操心一下就可以了。我来给你展示两个区分类和对象的小技巧。

首先针对类和对象，你需要学会两个说法，"is-a"（是什么）和"has-a"（有什么）。"是什么"要用在谈论"两者以类的关系互相关联"的时候，而"有什么"要用在"两者无共同点，仅是互为参照"的时候。

接下来，通读这段代码，将每一个##??注释替换为能说明下一行是表示"is-a"关系还是"has-a"关系的注释，并讲明白这个关系是什么。在代码的开始我还举了几个例子，所以你只要写剩下的就可以了。

记住，"是什么"指的是鱼和泥鳅的关系，而"有什么"指的是泥鳅和鳃的关系[①]。

ex42.py

```
1   ## Animal is-a object (yes, sort of confusing) look at the extra credit
2   class Animal(object):
3       pass
4
5   ## ??
6   class Dog(Animal):
7
8       def __init__(self, name):
9           ## ??
10          self.name = name
11
12  ## ??
13  class Cat(Animal):
14
15      def __init__(self, name):
16          ## ??
17          self.name = name
18
19  ## ??
20  class Person(object):
21
22      def __init__(self, name):
23          ## ??
24          self.name = name
```

---

① 为了解释方便，译文使用了中文鱼名。原文使用的是"鲑鱼"（salmon）和"大比目鱼"（halibut），鱼的名字也是英文常用人名。——译者注

```
25
26          ## Person has-a pet of some kind
27          self.pet = None
28
29  ## ??
30  class Employee(Person):
31
32      def __init__(self, name, salary):
33          ## ?? hmm what is this strange magic?
34          super(Employee, self).__init__(name)
35          ## ??
36          self.salary = salary
37
38  ## ??
39  class Fish(object):
40      pass
41
42  ## ??
43  class Salmon(Fish):
44      pass
45
46  ## ??
47  class Halibut(Fish):
48      pass
49
50
51  ## rover is-a Dog
52  rover = Dog("Rover")
53
54  ## ??
55  satan = Cat("Satan")
56
57  ## ??
58  mary = Person("Mary")
59
60  ## ??
61  mary.pet = satan
62
63  ## ??
64  frank = Employee("Frank", 120000)
65
66  ## ??
67  frank.pet = rover
68
69  ## ??
70  flipper = Fish()
71
```

```
72   ## ??
73   crouse = Salmon()
74
75   ## ??
76   harry = Halibut()
```

关于 `class Name(object)`

在 Python 3 中，你不需要在类名后面添加（object），但 Python 圈子的人相信"显式优于隐式"，所以我和别的 Python 专家决定还是包含它。你也许会碰到类定义中没有（object）的代码，这些类也是没有问题的，它们和你创建时加上（object）的类的行为没有差别。加上（object）仅相当于多写了简单的额外文档，并不会影响类的工作方式。

在 Python 2 中，这两种方式定义的类是有区别的，但你也用不着担心。唯一需要应付的是，如果用了（object），就表示你定义的类的类型是 object。也许这么解释你还是不明白，类是对象，对象是类什么的，不过也别担心，只要记住 class Name(object) 的意思是"这是一个基本的简单类"就行了。

最后，也许将来 Python 程序员的口味变了，会觉得用显式（object）的人水平很差。如果真的发生了，那你就别用它了，或者你也可以告诉他们："Python 之禅不是说显式优于隐式嘛。"

巩固练习

1. 研究一下为什么 Python 添加了这个奇怪的对象类，它究竟是什么意思呢？
2. 有没有可能把类当作对象使用呢？
3. 在这个习题中为 animals、fish 和 people 添加一些函数，让它们做一些事情。看看当函数在 Animal 这样的"基类"（base class）里和在 Dog 里会发生什么不一样的事情。
4. 找些别人的代码，理清里边的"是什么"和"有什么"的关系。
5. 使用列表和字典创建一些新的一对多的"有多个"（has-many）的关系。
6. 你认为会有这种"有多个"关系吗？阅读一下关于"多重继承"（multiple inheritance）的资料，然后尽量避免这种用法。

常见问题回答

这些## ??注释是做什么用的？

这些注释是供你填空的。你应该在对应的位置填入 is-a、has-a 的概念。重读这个习题，看看其他的注释，仔细理解一下我的意思。

这句 self.pet = None 有什么用？

确保类的 self.pet 属性被设置为默认 None。

super(Employee, self).__init__(name) 是做什么用的？

这是你可以可靠地将父类的 __init__ 方法运行起来的方法。搜索"python 3 super"，看看人们是怎样众说纷纭的。

基本的面向对象分析和设计

我 将会讲到你想用 Python，尤其是通过面向对象编程（OOP）方式构建一些东西的流程。所谓按照流程就是我将给你一系列需要你遵循的步骤，但是并不意味着针对每个不同的问题都要用这个步骤，也并不意味着这个步骤总是能起作用。这些步骤只是解决很多编程问题的一个很好的起点，并不是解决这类问题的唯一方法。这个流程只是你可以遵循的一种方法。

具体流程如下。

1. 把要解决的问题写下来，或者画出来。
2. 将第一条中的关键概念提取出来并加以研究。
3. 创建一个类层次结构和对象图。
4. 用代码实现各个类，并写一个测试来运行它们。
5. 重复上述步骤并细化代码。

这一流程可以看成是一个"自顶向下"（top down）的，也就是说从很抽象的概念入手，逐渐细化，直到概念变成具体的可用代码实现的东西。

首先我会把要解决的问题写下来，尽可能想出所有相关的东西。也许我还会画一两张图，也许是画些结构关系图，或者给自己写一些描述问题的邮件。这样可以让我把问题的关键概念表达出来，而且还能让我探索自己对这个问题已知的各个方面。

然后我过一遍这些笔记、图示和描述，把里边的关键概念拉出来。有一个简单的方法做这件事：把写下的内容里的名词和动词列出来，然后写出它们之间的关系。这样就会有一份类、对象和函数的名称列表以供下一步使用了。再研究一下这份概念列表中不清楚的部分，这样以后还能在需要的时候进一步细化。

有了关键概念的列表以后，我再为这些概念作为类创建一个结构图（树），把它们之间的关系整理清楚。你可以把名词列表拿出来并问自己："这里哪些概念名词是类似的？这意味着它们有同一个父类，父类又是哪个呢？"到最后你会得到一个类的层次结构，要么是一个简单的树状结构，要么是一张简单的图。然后把动词拿出来，看看它们是不是对应每个类的函数名称，把它们放到树或图的对应类的下面。

有了这个类层次结构，我就坐下来写一些基本的骨架代码，里边只包含上面提到的类和函数，没有别的。然后我写一个测试来运行这段代码，保证我写的类是合理的而且能正常工作。有时我会先写测试再写类，有时我会写一点儿测试再写一点儿代码，再写一点儿测试……直到完成整项工作为止。

最后，不断重复这个流程，逐步细化代码，让它在实现更多功能的时候还尽可能保证清晰。

如果遇到之前没想到的概念或问题卡在了某处，我就会坐下来按照上面的流程走一遍，等弄清楚了再继续。

我现在将用这个流程实现一个游戏引擎和一个游戏。

简单游戏引擎的分析

我想做的游戏名叫《来自 Percal 25 号行星的哥顿人》（Gothons from Planet Percal #25），这是一款空间冒险游戏。在我的脑海中只有这个概念，我可以沿着这个思路，弄清楚如何使这款游戏具有生命。

把问题写下来或者画出来

我将为这个游戏写一段描述："外星人入侵了宇宙飞船，我们的英雄需要通过各种房间组成的迷宫，打败遇到的外星人，这样才能通过救生船回到下面的行星上去。这个游戏会跟《Zork》或者《Adventure》类似，会用文字输出各种搞笑的死法。游戏会用到一个引擎，它带动一张充满房间和场景的地图。当玩家进入一个房间时，这个房间会显示出自己的描述，并且会告诉引擎下一步应该到哪个房间去。"

到目前为止我已经对游戏的内容和运行方式有了一个很好的概念，接下来要描述各个场景。

- **死亡**（Death）。玩家死去的场景，应该比较搞笑。
- **中央走廊**（Central Corridor）。这是游戏的起点，哥顿人已经在那里把守着了，玩家需要讲一个笑话才能继续。
- **激光武器库**（Laser Weapon Armory）。在这里英雄会找到一个中子弹，在乘坐救生船离开时要用它把飞船炸掉。这个房间有一个数字键盘，英雄需要猜测密码组合。
- **飞船主控舱**（The Bridge）。另一个战斗场景，英雄需要在这里埋炸弹。
- **救生舱**（Escape Pod）。英雄逃离的场景，但需要猜对是哪艘救生船。

至此，我应该已经画出了它们的关系图，每个房间也大概有了更详细的描述。想到什么点子，我就探索一下。

提取和研究关键概念

现在有了足够的信息来提取一些名词，并分析它们的类层次结构。首先整理一个名词列表。

- 外星人（Alien）
- 玩家（Player）
- 飞船（Ship）
- 迷宫（Maze）
- 房间（Room）
- 场景（Scene）

- 哥顿人（Gothon）
- 救生舱（Escape Pod）
- 行星（Planet）
- 地图（Map）
- 引擎（Engine）
- 死亡（Death）
- 中央走廊（Central Corridor）
- 激光武器库（Laser Weapon Armory）
- 主控舱（The Bridge）

我可能还需要把所有动词提取出来并看看它们是不是适合做函数名，不过我暂时先跳过这一步。

到现在为止我已经研究过这些概念以及其中没弄明白的部分了。例如，我可能会通过玩一些类似的游戏来确认它们的工作方式；我也许会去研究飞船是怎样设计的，以及炸弹是怎样工作的；也许我还会研究一些技术问题，比如怎样把游戏状态存到数据库里去。等完成这些研究后我也许需要回到第一步，基于学到的新东西重写游戏描述以及重新提取相关概念。

为各种概念创建类层次结构和对象图

完成上面的工作后，我会通过问问题的方式把它转成一个类层次结构。问题可以是"和其他东西有哪些类似？"或者"哪个只不过是某个东西的另一种叫法？"

很快我就发现，"房间"和"场景"基本上是同一个东西。在这个游戏里，我将使用"场景"，然后我发现"中央走廊"是一个场景，"死亡"也基本上是一个场景。"死亡场景"可以接受，"死亡房间"就有些奇怪了，这也是我选择"场景"这个名词的原因。"迷宫"和"地图"基本上是一个意思，就用"地图"吧，因为这个词平时用得多。这里我不打算实现一个作战系统，所以"外星人"和"玩家"我就先忽略了，留待以后再说。"行星"其实也可以是另一个场景，而不是什么特殊的东西。

理清思路后我开始在文本编辑器里画一个与下面类似的类层次结构。

```
* Map
* Engine
* Scene
  * Death
  * Central Corridor
  * Laser Weapon Armory
  * The Bridge
  * Escape Pod
```

然后我需要查看描述里的动词部分，从而知道每一样东西上面需要什么样的动作。例如，从描述中我知道，我需要一种方法来运行游戏引擎，在地图里转到下一场景，获得初始场景，以及进入一个场景。加上这些后大致是下面这样的：

```
* Map
 - next_scene
 - opening_scene
```

```
* Engine
  - play
* Scene
  - enter
  * Death
  * Central Corridor
  * Laser Weapon Armory
  * The Bridge
  * Escape Pod
```

注意，我只在 Scene 的下面添加了 enter 这个方法，因为我知道具体的场景会继承并覆盖这个方法。

编写类和运行类的测试代码

准备好了类和函数的树，我需要在编辑器里打开一个源文件，并试着为它编写代码。通常我只要把这个树复制到源文件中，把它扩写成各个类就可以了。这里是一个初始的简单例子，文件最后还包含一点儿简单的测试。

ex43_classes.py

```
1    class Scene(object):
2
3        def enter(self):
4            pass
5
6
7    class Engine(object):
8
9        def __init__(self, scene_map):
10           pass
11
12       def play(self):
13           pass
14
15   class Death(Scene):
16
17       def enter(self):
18           pass
19
20   class CentralCorridor(Scene):
21
22       def enter(self):
23           pass
24
25   class LaserWeaponArmory(Scene):
```

```
26
27          def enter(self):
28              pass
29
30      class TheBridge(Scene):
31
32          def enter(self):
33              pass
34
35      class EscapePod(Scene):
36
37          def enter(self):
38              pass
39
40
41      class Map(object):
42
43          def __init__(self, start_scene):
44              pass
45
46          def next_scene(self, scene_name):
47              pass
48
49          def opening_scene(self):
50              pass
51
52
53      a_map = Map('central_corridor')
54      a_game = Engine(a_map)
55      a_game.play()
```

　　你能看出在这个文件里我只是简单地重复了我想要的层次结构，然后在最后几行写了一点点代码，看它是不是能正常工作。这个习题后面的几个小节中，你需要把剩下的代码填进去，让它按照上面的游戏描述工作起来。

重复和细化

　　我的这个小流程的最后一步其实也不算一步，而是类似一个 while 循环。前面所讲的东西并不是一次性操作，需要回去重复整个流程，基于你从后面步骤中学到的东西来细化你写的内容。有时，我走到第三步就会发现需要回到第一步和第二步去弄些东西，那就会停下来回到前面去弄完。有时我会突然来了灵感，然后趁热打铁直接跳到后面把代码写出来，不过接着我会回到前面的步骤来检查并确认我的代码是不是覆盖了所有的可能性。

　　关于这个流程，要注意的另一个点是，你不需要把自己锁定在一个层面上去完成某个特定任务。假如说不知道怎样写 `Engine.play` 这个方法，可以停下来，就在这个任务上使用这个流程，直到弄明白怎样写为止。

自顶向下与自底向上

我刚描述的流程一般叫"自顶向下"，因为它是从最抽象的概念（顶层）开始，一直向下做到具体的代码实现。我希望你在继续后面的练习时用这一流程分析问题，不过你应该知道还有一种解决编程问题的方法，就是先从代码开始，一直向上做到抽象概念，这种方法叫"自底向上"。一般步骤如下。

1. 取出要解决的问题中的一小块，写些代码让它差不多能工作。
2. 加上类和自动测试，细化代码让它更为正式。
3. 把关键概念抽取出来然后研究它们。
4. 把真正需要实现的东西描述出来。
5. 回去细化代码，有可能需要全部丢弃重头做起。
6. 在问题的另外一小块里重复上述流程。

我发现这个流程对于编程基础牢固的程序员来说更好使，而且也是为解决问题写代码时的自然想法。当你知道一个大问题的小部分，但对于整个总体概念还没有足够了解的时候，这种流程是非常好用的。在将问题拆成小块，并且一块一块地解决的过程中，可以慢慢了解问题的大方向并且解决它。不过要记住，你的解决方案可能会走弯路或者很怪异，这就是为什么流程中有一步是回去研究，并且基于自己学到的东西清理代码。

《来自 Percal 25 号行星的哥顿人》的代码

停！接下来我将演示上述问题的最终解决方案，不过我不要求你马上加入并录入它们。我需要你利用前面写的骨架代码，试着使它们基于这一描述能工作。等你实现完以后，再回来看我是怎么实现的。

我就不一下把所有代码都展示出来了。我将把这个最终的 `ex43.py` 拆成小块，然后一次解释一块。

ex43.py

```
1    from sys import exit
2    from random import randint
3    from textwrap import dedent
```

这就是基本的导入，唯一的新东西就是我导入了 `textwrap` 模块的 `dedent` 函数。这个函数是为了让我们写房间描述时使用三引号字符串。它会把字符串开头的空白去掉。如果不用这个函数，使用三引号风格字符串就会失败，因为它们会在屏幕上缩进，和在 Python 代码中一样。

```
1    class Scene(object):
2
3        def enter(self):
4            print("This scene is not yet configured.")
5            print("Subclass it and implement enter().")
6            exit(1)
```

和在骨架代码中看到的一样，有一个叫 Scene 的基类，它会包含所有场景的通用信息。在这个简单程序里，这些场景并没有多么复杂，所以这基本上只是一个怎样创建基类的演示而已。

```
1    class Engine(object):
2
3        def __init__(self, scene_map):
4            self.scene_map = scene_map
5
6        def play(self):
7            current_scene = self.scene_map.opening_scene()
8            last_scene = self.scene_map.next_scene('finished')
9
10           while current_scene != last_scene:
11               next_scene_name = current_scene.enter()
12               current_scene = self.scene_map.next_scene(next_scene_name)
13
14           # be sure to print out the last scene
15           current_scene.enter()
```

这里我创建好了 Engine 类，我用了 Map.opening_scene 和 Map.next_scene 这些方法。因为这些是我计划好要写的方法，所以我就假设它们已经写好了，这里只是拿来使用。至于 Map 类，其实我后面才会去写它。

```
1    class Death(Scene):
2
3        quips = [
4            "You died.  You kinda suck at this.",
5            "Your mom would be proud...if she were smarter.",
6            "Such a luser.",
7            "I have a small puppy that's better at this.",
8            "You're worse than your Dad's jokes."
9        ]
```

```
10
11    def enter(self):
12        print(Death.quips[randint(0, len(self.quips)-1)])
13        exit(1)
```

我写的第一个场景就是这个奇怪的 Death 场景，这也是最简单的一个场景了。

```
1   class CentralCorridor(Scene):
2
3       def enter(self):
4           print(dedent("""
5               The Gothons of Planet Percal #25 have invaded your ship and
6               destroyed your entire crew. You are the last surviving
7               member and your last mission is to get the neutron destruct
8               bomb from the Weapons Armory, put it in the bridge, and
9               blow the ship up after getting into an escape pod.
10
11              You're running down the central corridor to the Weapons
12              Armory when a Gothon jumps out, red scaly skin, dark grimy
13              teeth, and evil clown costume flowing around his hate
14              filled body. He's blocking the door to the Armory and
15              about to pull a weapon to blast you.
16              """))
17
18          action = input("> ")
19
20          if action == "shoot!":
21              print(dedent("""
22                  Quick on the draw you yank out your blaster and fire
23                  it at the Gothon. His clown costume is flowing and
24                  moving around his body, which throws off your aim.
25                  Your laser hits his costume but misses him entirely.
26                  This completely ruins his brand new costume his mother
27                  bought him, which makes him fly into an insane rage
28                  and blast you repeatedly in the face until you are
29                  dead.  Then he eats you.
30                  """))
31              return 'death'
32
33          elif action == "dodge!":
34              print(dedent("""
35                  Like a world class boxer you dodge, weave, slip and
36                  slide right as the Gothon's blaster cranks a laser
37                  past your head. In the middle of your artful dodge
38                  your foot slips and you bang your head on the metal
```

```
39                          wall and pass out. You wake up shortly after only to
40                          die as the Gothon stomps on your head and eats you.
41                          """))
42                  return 'death'
43
44          elif action == "tell a joke":
45              print(dedent("""
46                          Lucky for you they made you learn Gothon insults in
47                          the academy. You tell the one Gothon joke you know:
48                          Lbhe zbgure vf fb sng, jura fur fvsf nebhaq gur ubhfr,
49                          fur fvsf nebhaq gur ubhfr. The Gothon stops, tries
50                          not to laugh, then busts out laughing and can't move.
51                          While he's laughing you run up and shoot him square in
52                          the head putting him down, then jump through the
53                          Weapon Armory door.
54                          """))
55                  return 'laser_weapon_armory'
56
57          else:
58              print("DOES NOT COMPUTE!")
59                  return 'central_corridor'
```

CentralCorridor 是这个游戏的初始位置，我现在把它创建好了。接下来我需要在创建 Map 前把其他场景都做好，因为在后面的代码中需要引用这些场景。你应该还看到了我在第 4 行是怎样使用 dedent 函数的，后面试着删掉这个函数，了解一下它的功能。

ex43.py

```
1   class LaserWeaponArmory(Scene):
2
3       def enter(self):
4           print(dedent("""
5                       You do a dive roll into the Weapon Armory, crouch and scan
6                       the room for more Gothons that might be hiding.  It's dead
7                       quiet, too quiet. You stand up and run to the far side of
8                       the room and find the neutron bomb in its container.
9                       There's a keypad lock on the box and you need the code to
10                      get the bomb out.  If you get the code wrong 10 times then
11                      the lock closes forever and you can't get the bomb.  The
12                      code is 3 digits.
13                      """))
14
15          code = f"{randint(1,9)}{randint(1,9)}{randint(1,9)}"
16          guess = input("[keypad]> ")
17          guesses = 0
18
19          while guess != code and guesses < 10:
```

```
20              print("BZZZZEDDD!")
21              guesses += 1
22              guess = input("[keypad]> ")
23
24          if guess == code:
25              print(dedent("""
26                  The container clicks open and the seal breaks, letting
27                  gas out. You grab the neutron bomb and run as fast as
28                  you can to the bridge where you must place it in the
29                  right spot.
30                  """))
31              return 'the_bridge'
32          else:
33              print(dedent("""
34                  The lock buzzes one last time and then you hear a
35                  sickening melting sound as the mechanism is fused
36                  together.  You decide to sit there, and finally the
37                  Gothons blow up the ship from their ship and you die.
38                  """))
39              return 'death'
40
41
42  class TheBridge(Scene):
43
44      def enter(self):
45          print(dedent("""
46              You burst onto the Bridge with the neutron destruct bomb
47              under your arm and surprise 5 Gothons who are trying to
48              take control of the ship.  Each of them has an even uglier
49              clown costume than the last.  They haven't pulled their
50              weapons out yet, as they see the active bomb under your
51              arm and don't want to set it off.
52              """))
53
54          action = input("> ")
55
56          if action == "throw the bomb":
57              print(dedent("""
58                  In a panic you throw the bomb at the group of Gothons
59                  and make a leap for the door.  Right as you drop it a
60                  Gothon shoots you right in the back killing you.  As
61                  you die you see another Gothon frantically try to
62                  disarm the bomb. You die knowing they will probably
63                  blow up when it goes off.
64                  """))
65              return 'death'
66
```

```
67              elif action == "slowly place the bomb":
68                  print(dedent("""
69                      You point your blaster at the bomb under your arm and
70                      the Gothons put their hands up and start to sweat.
71                      You inch backward to the door, open it, and then
72                      carefully place the bomb on the floor, pointing your
73                      blaster at it. You then jump back through the door,
74                      punch the close button and blast the lock so the
75                      Gothons can't get out. Now that the bomb is placed
76                      you run to the escape pod to get off this tin can.
77                      """))
78              return 'escape_pod'
79          else:
80              print("DOES NOT COMPUTE!")
81              return "the_bridge"
82
83
84  class EscapePod(Scene):
85
86      def enter(self):
87          print(dedent("""
88              You rush through the ship desperately trying to make it to
89              the escape pod before the whole ship explodes.  It seems
90              like hardly any Gothons are on the ship, so your run is
91              clear of interference.  You get to the chamber with the
92              escape pods, and now need to pick one to take.  Some of
93              them could be damaged but you don't have time to look.
94              There's 5 pods, which one do you take?
95              """))
96
97          good_pod = randint(1,5)
98          guess = input("[pod #]> ")
99
100         if int(guess) != good_pod:
101             print(dedent("""
102                 You jump into pod {guess} and hit the eject button.
103                 The pod escapes out into the void of space, then
104                 implodes as the hull ruptures, crushing your body
105                 into jam jelly.
106                 """))
107             return 'death'
108         else:
109             print(dedent("""
110                 You jump into pod {guess} and hit the eject button.
111                 The pod easily slides out into space heading to
112                 the planet below.  As it flies to the planet, you look
113                 back and see your ship implode then explode like a
```

```
114                    bright star, taking out the Gothon ship at the same
115                    time.  You won!
116                    """))
117           return 'finished'
118
119
120   class Finished(Scene):
121
122       def enter(self):
123           print("You won! Good job.")
124           return 'finished'
```

这就是这个游戏的场景的剩余部分了，由于这些场景都是计划好的，代码也来得相当直接。

顺便讲一下，不要直接把这些代码都录进去。记得我说过，试着一点一点地完成。这里只是为了演示最终结果而已。

ex43.py

```
1    class Map(object):
2
3        scenes = {
4            'central_corridor': CentralCorridor(),
5            'laser_weapon_armory': LaserWeaponArmory(),
6            'the_bridge': TheBridge(),
7            'escape_pod': EscapePod(),
8            'death': Death(),
9            'finished': Finished(),
10       }
11
12       def __init__(self, start_scene):
13           self.start_scene = start_scene
14
15       def next_scene(self, scene_name):
16           val = Map.scenes.get(scene_name)
17           return val
18
19       def opening_scene(self):
20           return self.next_scene(self.start_scene)
```

以上我就完成了 Map 类，你可以看到它把每个场景的名称保存在一个字典中，然后我用 Map.scenes 来引用这个字典。这也是我为什么先写各个场景后写 Map 的原因，因为字典能引用的东西必须是事先存在的。

ex43.py

```
1    a_map = Map('central_corridor')
2    a_game = Engine(a_map)
```

```
3    a_game.play()
```

最后我就得到了运行这个游戏的代码。Map 已经做好，然后把它传到 Engine 里去，再调用 play，游戏就能正常运行了。

应该看到的结果

首先确认自己弄明白了游戏要实现的东西，并且自己先试着去实现它。如果实现过程中遇到一些问题，可以偷偷看看我的代码，明白后再回去继续自己的实现。总之要自己先努力尝试过。

我的游戏运行起来是下面这样的。

习题 43　会话

```
$ python3.6 ex43.py

The Gothons of Planet Percal #25 have invaded your ship and
destroyed your entire crew. You are the last surviving
member and your last mission is to get the neutron destruct
bomb from the Weapons Armory, put it in the bridge, and
blow the ship up after getting into an escape pod.

You're running down the central corridor to the Weapons
Armory when a Gothon jumps out, red scaly skin, dark grimy
teeth, and evil clown costume flowing around his hate
filled body. He's blocking the door to the Armory and
about to pull a weapon to blast you

> dodge!

Like a world class boxer you dodge, weave, slip and
slide right as the Gothon's blaster cranks a laser
past your head. In the middle of your artful dodge
your foot slips and you bang your head on the metal
wall and pass out. You wake up shortly after only to
die as the Gothon stomps on your head and eats you.

You're worse than your Dad's jokes.
```

巩固练习

1. 修改它！也许你讨厌这个游戏，觉得太暴力了，或者你对科幻不感兴趣。把游戏跑起来，然后随便修改。这是你的计算机，你想干什么就干什么。

2. 我的这段代码中有个 bug，为什么门锁的密码要猜 11 次？

3. 解释一下房间切换的原理。

4. 为难度大的房间添加通过的秘籍，我用一行代码两个词就能做出来。

5. 回到我的描述和分析部分，为英雄和哥顿人创建一个简单的格斗系统。

6. 这其实是一个小版本的"有限状态机"（finite state machine），找相关资料阅读一下，虽然看着可能像天书，但还是找来看看吧。

常见问题回答

怎样设计自己的游戏故事？
你可以自己编故事，就像给朋友讲故事一样，也可以从书籍或者电影里找些你喜欢的场景。

继承与组合

童话里经常会看到英雄打败恶人的故事，而且故事里总会有一个类似黑暗森林的场景——要么是一个山洞，要么是一片森林，要么是另一个星球，反正是英雄不该去的某个地方。当然，一旦反面角色在剧情中出现，英雄就非得去那片破森林去杀掉坏人。当英雄的总是不得不冒着生命危险进到邪恶森林中去。

你很少会遇到这样的童话故事，说是英雄机智地躲过这些危险处境。你从不会听英雄说："等等，如果我把公主 Buttercup 留在家里，自己跑出去当英雄闯世界，万一我半路死了，Buttercup 就只能嫁给 Humperdinck 这个丑八怪王子了。Humperdinck 啊，我的老天！我还是待在这里，做点出租童工的生意吧。"如果他选择了这条路，就不会遇到火沼泽、死亡、复活、格斗、巨人，或者任何算得上故事的东西了。就是因为这个，这些故事里的森林就像黑洞一样，不管英雄是干什么的，最终都无法避免陷入其中。

在面向对象编程中，"继承"（inheritance）就是那片邪恶森林。有经验的程序员知道如何躲开这个恶魔，因为他们知道，在森林深处的继承，其实是邪恶女皇"多重继承"。她喜欢用自己的巨口尖牙吃掉程序员和软件，咀嚼这些堕落者的血肉。不过这片森林的吸引力是如此强大，几乎每一个程序员都会进去探险，梦想着提着邪恶女皇的头颅走出森林，从而声称自己是真正的程序员。你就是无法阻止森林的魔力，于是你深入其中，而等冒险结束，九死一生之后，你唯一学到的就是远远躲开这片森林，而如果你不得不再进去一次，你会带一支军队。

这段故事就是为了教你避免使用"继承"这东西，这样说是不是更有感觉呢？有的程序员现在正在森林里与邪恶女皇作战，他会对你说你必须进到森林里去。他们这样说其实是因为他们需要你的帮助，因为他们已经无法承受自己创建的东西了。而对你来说，你只要记住这一条：大部分使用继承的场合都可以用组合取代或简化，而多重继承则需要不惜一切地避免。

什么是继承

继承就是用来指明一个类的大部分或全部功能都是从一个父类中获得的。写 `class Foo(Bar)` 时，就发生了继承效果，这行代码的意思是"创建一个叫 `Foo` 的类，并让它继承自 `Bar`"。当你这样写时，Python 语言会让 `Bar` 的实例所具有的动作都工作在 `Foo` 的实例上。这样可以让你把通用的功能放到 `Bar` 里边，然后再给 `Foo` 特别设定一些功能。

当你做这种特别设定的时候，父类和子类有 3 种交互方式。

1. 子类上的动作完全等同于父类上的动作。

2. 子类上的动作完全覆盖了父类上的动作。

3. 子类上的动作部分替换了父类上的动作。

我将依次演示这几种方式并向你展示其代码。

隐式继承

首先我将向你展示，当你在父类里定义了一个函数但没有在子类中定义时会发生的隐式行为。

```
1    class Parent(object):
2
3        def implicit(self):
4            print("PARENT implicit()")
5
6    class Child(Parent):
7        pass
8
9    dad = Parent()
10   son = Child()
11
12   dad.implicit()
13   son.implicit()
```

class Child:下面使用的 pass 是在 **Python** 中创建空代码块的方法。这样就创建了一个叫 Child 的类，但没有在里边定义任何细节。在这里它将会从它的父类继承所有的行为。运行起来就是下面这样。

```
$ python3.6 ex44a.py
PARENT implicit()
PARENT implicit()
```

就算我在第 13 行调用了 son.implicit() 并且在 Child 中没有定义过 implicit 这个函数，这个函数依然可以工作，它调用了父类 Parent 中定义的这个函数。这就说明，如果将函数放到基类中（也就是这里的 Parent），那么所有的子类（也就是 Child 这样的类）将会自动获得这些函数功能。需要很多类的时候，这样可以避免重复写很多代码。

显式覆盖

隐式调用函数有一个问题，有时候你需要让子类里的函数有不同的行为，这种情况下隐式继承是做不到的。这时你需要覆盖子类中的函数，让它实现新功能。要做到这一点，只要在子类 Child 中定义一个同名的函数就可以了。下面就是一个例子。

ex44b.py

```
1   class Parent(object):
2
3       def override(self):
4           print("PARENT override()")
5
6   class Child(Parent):
7
8       def override(self):
9           print("CHILD override()")
10
11  dad = Parent()
12  son = Child()
13
14  dad.override()
15  son.override()
```

这个例子中，我在两个类中都定义了一个叫 override 的函数，我们看看运行时会出现什么情况。

```
$ python3.6 ex44b.py
PARENT override()
CHILD override()
```

如你所见，运行到第 14 行时，这里运行的是 Parent.override 函数，因为 dad 这个变量是定义在 Parent 里的。不过运行到第 15 行，打印出来的却是 Child.override 里的消息，因为 son 是 Child 的一个实例，而子类中新定义的函数在这里取代了父类里的函数。

现在来休息一下并巩固一下这两个概念，然后再继续往下学习。

在运行前或运行后替换

使用继承的第三种方法是覆盖的一个特例，在这种情况下，你想在父类中定义的内容运行之前或者之后再修改行为。首先像上例一样覆盖函数，不过接着用 Python 的内置函数 super 来调用父类 Parent 里的版本。为了方便理解这段描述，我们还是来看例子吧。

ex44c.py

```
1   class Parent(object):
2
3       def altered(self):
```

```
4            print("PARENT altered()")
5
6    class Child(Parent):
7
8        def altered(self):
9            print("CHILD, BEFORE PARENT altered()")
10           super(Child, self).altered()
11           print("CHILD, AFTER PARENT altered()")
12
13   dad = Parent()
14   son = Child()
15
16   dad.altered()
17   son.altered()
```

重要的是 Child 中的第 9~11 行，当调用 son.altered() 时，我完成了以下内容。

1. 由于我覆盖了 Parent.altered，实际运行的是 Child.altered，所以第 9 行执行结果是预料之中的。

2. 这里我想在前面和后面加一个动作，所以第 9 行之后我要用 super 来获取 Parent.altered 这个版本。

3. 第 10 行调用了 super(Child, self).altered()，它还知道你的继承关系，并且会访问到 Parent 类。这句你可以读作："用 Child 和 self 这两个参数调用 super，然后在此返回的基础上调用 altered。"

4. 到这里函数的 Parent.altered 版本就会运行，而且打印出了 Parent 里的消息。

5. 最后，从 Parent.altered 返回，Child.altered 函数接着打印出后面的消息。

运行的结果是下面这样的。

习题 44c　会话

```
$ python3.6 ex44c.py
PARENT altered()
CHILD, BEFORE PARENT altered()
PARENT altered()
CHILD, AFTER PARENT altered()
```

3 种方式组合使用

为了演示上面讲的内容，我来写一个最终版本，在一个文件中演示 3 种交互模式。

ex44d.py

```
1    class Parent(object):
```

```
 2
 3        def override(self):
 4            print("PARENT override()")
 5
 6        def implicit(self):
 7            print("PARENT implicit()")
 8
 9        def altered(self):
10            print("PARENT altered()")
11
12    class Child(Parent):
13
14        def override(self):
15            print("CHILD override()")
16
17        def altered(self):
18            print("CHILD, BEFORE PARENT altered()")
19            super(Child, self).altered()
20            print("CHILD, AFTER PARENT altered()")
21
22    dad = Parent()
23    son = Child()
24
25    dad.implicit()
26    son.implicit()
27
28    dad.override()
29    son.override()
30
31    dad.altered()
32    son.altered()
```

回到代码中，在每一行的上方写一条注释，解释它的功能，并且标出它是不是一个覆盖动作，然后运行代码，看看输出的是不是预期的内容。

习题44d   会话

```
$ python3.6 ex44d.py
PARENT implicit()
PARENT implicit()
PARENT override()
CHILD override()
PARENT altered()
CHILD, BEFORE PARENT altered()
PARENT altered()
CHILD, AFTER PARENT altered()
```

要用 super() 的原因

到这里也算是一切正常吧，不过接下来就要来应对一个叫"多重继承"的麻烦东西了。多重继承是指你定义的类继承了一个或多个类，就像这样：

```
class SuperFun(Child, BadStuff):
    pass
```

这相当于说"创建一个叫 SuperFun 的类，让它同时继承了 Child 和 BadStuff 两个类"。

这里一旦在 SuperFun 实例上调用任何隐式动作，Python 就必须回到 Child 和 BadStuff 的类层次结构中查找可能的函数，而且必须要用固定的顺序去查找。为实现这一点 Python 使用了一个叫"方法解析顺序"（method resolution order，MRO）的东西，还用了一个叫 C3 的算法。

因为有这个复杂的 MRO 和这个很好的算法，Python 不会把获取 MRO 的工作留给你去做。相反，Python 给你这个 super() 函数，用来在各种需要修改行为类型的场合为你处理所有这一切，就像我在上面 Child.altered 中做的那样。有了 super()，你再也不用担心把继承关系弄糟，因为 Python 会为你找到正确的函数。

super() 和 __init__ 搭配使用

super() 最常见的用法是在基类的 __init__ 函数中使用。通常这也是唯一可以进行这种操作的地方，在这里你需要在子类里做了一些事情，然后在父类中完成初始化。下面是一个在 Child 中完成上述行为的例子。

```
class Child(Parent):

    def __init__(self, stuff):
        self.stuff = stuff
        super(Child, self).__init__()
```

这和上面的 Child.altered 示例差别不大，只不过我在 __init__ 里边先设了一些变量，然后才让 Parent 用 Parent.__init__ 完成初始化。

组合

继承是一种很有用的技术，不过还有一种实现相同功能的方法，就是直接使用别的类和模块，而非依赖于隐式继承。回头来看，我们有 3 种利用继承的方式，有 2 种会通过新代码取代或者修改父类的功能。这其实可以很容易通过调用模块里的函数来实现。下面就是这样一个例子。

ex44e.py

```
1    class Other(object):
2
3        def override(self):
4            print("OTHER override()")
5
6        def implicit(self):
7            print("OTHER implicit()")
8
9        def altered(self):
10           print("OTHER altered()")
11
12   class Child(object):
13
14       def __init__(self):
15           self.other = Other()
16
17       def implicit(self):
18           self.other.implicit()
19
20       def override(self):
21           print("CHILD override()")
22
23       def altered(self):
24           print("CHILD, BEFORE OTHER altered()")
25           self.other.altered()
26           print("CHILD, AFTER OTHER altered()")
27
28   son = Child()
29
30   son.implicit()
31   son.override()
32   son.altered()
```

　　这里我没有使用 Parent 这个名称，因为这里不是父类子类的 "A 是 B" 的关系，而是一个 "A 里有 B" 的关系，这里 Child 里有一个 Other 用来完成它的功能。运行的时候，我们可以看到下面这样的输出。

习题 44e　会话

```
$ python3.6 ex44e.py
OTHER implicit()
CHILD override()
CHILD, BEFORE OTHER altered()
OTHER altered()
CHILD, AFTER OTHER altered()
```

可以看出，Child 和 Other 里的大部分内容是一样的，做一样的事，唯一不同的是我必须定义一个 Child.implicit 函数来完成它的功能。然后我问自己，这个 Other 是写成一个类呢，还是直接做一个叫 other.py 的模块呢？

继承和组合的应用场合

"继承与组合"的问题说到底还是为了解决关于代码复用的问题。你不想自己的软件中到处都是重复的代码，这样既不整洁又没效率。继承通过创建一种让你在基类里隐含父类的功能的机制来解决这个问题，而组合则是利用模块和别的类中的函数调用达到了相同的目的。

如果两种方案都能解决复用的问题，那什么时候该用哪种方案呢？这个问题的答案其实是非常主观的，不过我可以给你 3 个大体的指导原则。

1. 不惜一切代价地避免多重继承，因为它太复杂以至于很不可靠。如果非要用，那得准备好钻研类层次结构，以及花时间去找各种东西的来龙去脉。
2. 如果有一些代码会在不同位置和场合应用到，那就用组合来把它们做成模块。
3. 只有在代码的可复用部分之间有清楚的关联，可以通过一个单独的共性联系起来的时候，才使用继承，或者，现有代码或者别的不可抗拒因素所限非用继承不可，那就用吧。

不要成为这些规则的奴隶。面向对象编程中要记住的一点是，程序员创建软件包，共享代码，这些都是一种社交习俗。因为这是一种社交习俗，所以有时可能出于共事的人的原因，你会被迫打破这些规则。这时候，就需要去观察别人使用某样东西的方式，然后去适应这种场合。

巩固练习

本节只有一个巩固练习，不过这个巩固练习很大。去读一读 http://www.python.org/dev/peps/pep-0008/并试着在代码中使用它。你会发现有一些东西和本书中的不一样，不过你现在应该能理解他们的建议，并在自己的代码中应用这些规范。本书剩下的部分可能有一些没有完全遵循这些指导原则，不过这是因为有时候遵循指导原则反而让代码更难懂。我建议你也照做，因为对代码的理解比对风格规则的记忆更为重要。

常见问题回答

怎样更好地自己解决在前面已经提到的问题？

提高解决问题能力的唯一方法就是自己去努力解决尽可能多的问题。很多时候人们遇到难题就会跑去找人给出答案。当你手头的事情非要完成不可的时候，这样做是没有问题的，不过如果你有时间自己解决的话，那就花时间自己去解决吧。停下手上的活，专注于你的问题，试着用所有可能的方法去解决，不管最后解决与否都要试到山穷水尽为止。经过这样的过程找到的答案会让你更为满意，最终你解决问题的能力也会提高。

对象是不是就是类的副本？

有的语言里是这样的，如 JavaScript。这样的语言叫原型（prototype）语言，这种语言里的类和对象除了用法以外没多少不同。不过在 Python 里类其实像是用来创建对象的模板，就跟制作硬币用到的模具一样。

你来制作一款游戏

你要开始学着自食其力了。通过阅读这本书你应该已经学到了一点——你需要的所有信息网上都有，你只要去搜索就能找到。唯一困扰你的就是如何使用正确的词进行搜索。学到现在，你在挑选搜索关键字方面应该已经有些感觉了。现在已经是时候了，你需要尝试写一个大的项目，并让它运行起来。

下面是你的需求。

1. 制作一款与我做的游戏截然不同的游戏。
2. 使用多个文件，并用 import 来使用这些文件。确认自己知道 import 的用法。
3. 每个房间使用一个类，类的命名要能体现出它的用处，如 KoiPond Room 和 GoldRoom 等。
4. 你的运行器应该了解这些房间，所以创建一个类来调用并记录这些房间。有很多种方法可以达到这个目的，可以考虑让每个房间返回下一个房间是什么，或者设置一个变量，通过它指定下一个房间是什么。

其他事情就全靠你了。花一个星期完成这项任务，做一款你能做出来的最好的游戏。用学过的任何东西（类、函数、字典、列表……）来改进你的程序。这个习题的目的是教你如何构建能调用其他 Python 文件中的类的类。

我不会详细告诉你怎样做，你需要自己完成。试着动手吧，编程就是解决问题的过程，这就意味着你要尝试各种可能性，进行实验，经历失败，然后丢掉做出来的东西，试着重头儿开始。当你被某个问题卡住的时候，可以向别人寻求帮助，把自己的代码展示给他们看。如果有人对你很刻薄，别理他们，你只要集中精力在帮你的人身上就可以了。持续修改和清理你的代码，直到它足够好，然后再将它展示给更多的人。

祝你好运，下个星期你做出游戏后我们再见。

评价你的游戏

这个习题的目的是评估你制作的游戏。也许你只完成了一半，卡在那里没有进行下去，也许你勉强做出来了。不管怎样，我们将串一下你应该知道的一些东西，并确认你的游戏里有用到它们。我们将学习用正确的格式构建类的方法、使用类的一些通用习惯，另外还有很多"书本知识"。

为什么我会让你先尝试然后才告诉你正确的做法呢？因为从现在开始你要学会自食其力，

以前是我牵着你前行，以后就得靠你自己了。后面的习题我只会告诉你要做的事情是什么，你需要自己去完成，你完成后我再告诉你如何改进你所做的。

　　一开始你会觉得很困难并且很不习惯，但只要坚持下去，你就会培养出自己解决问题的能力。你会找出创新的方法来解决问题，这比从课本中复制解决方案强多了。

函数的风格

以前我教过的怎样写好函数的方法一样是适用的，不过这里还要加几条。

- 由于各种各样的原因，程序员将类里边的函数称作"方法"（method）。很大程度上这只是个营销策略（用来推销 OOP），不过如果你把它们称作"函数"，是会有人跳出来纠正你的。如果你觉得他们太烦，可以让他们从数学方面演示一下"函数"和"方法"究竟有什么不同，这样他们就会很快闭嘴了。

- 在使用类的过程中，你的很大一部分时间用在告诉你的类如何"做事情"。给这些函数命名的时候，与其命名成一个名词，不如命名为一个动词，作为给类的一个命令。就和 list 的 pop（弹出）函数一样，它相当于说："嘿，列表，把这东西给我弹出去。"它的名字不是 remove_from_end_of_list，因为即使它的功能的确是这样，这一串字符也不是一个命令。

- 让函数保持简单小巧。由于某些原因，有些人开始学习类后就会忘了这一条。

类的风格

- 类应该使用"驼峰式大小写"（camel case），如应该使用 SuperGoldFactory 而不是 super_gold_factory。

- __init__ 不应该做太多的事情，这会让类变得难以使用。

- 因为其他函数应该使用下划线分隔词，所以可以写 my_awesome_hair 而不是 myawesomehair 或者 MyAwesomeHair。

- 用一致的方式组织函数的参数。如果类需要处理 users、dogs 和 cats，就保持这个次序（特别情况除外）。如果一个函数的参数是(dog, cat, user)，另一个的是(user, cat, dog)，这会让函数使用起来很困难。

- 不要使用来自模块的变量或者全局变量，让这些东西自顾自就行了。

- 不要一根筋式地维持风格一致性。一致性是好事，不过愚蠢地跟着别人遵从一些白痴口号是错误的行为——任何人这么做都是一种坏的风格。好好为自己着想吧。

代码风格

- 为了方便他人阅读，为自己的代码字符之间留下一些空白。有些程序员写的代码还算通顺，但字符之间没有任何空间。这种风格在任何编程语言中都是坏习惯，人的眼睛和大脑会通过空白和垂直对齐的位置来扫描和区隔视觉元素，如果你的代码里没有任何空白，这相当于为你的代码上了"迷彩装"。
- 如果一段代码你无法朗读出来，那么这段代码的可读性可能就有问题。如果你找不到让某个东西易用的方法，试着也朗读出来。这样不仅会逼迫你慢速而且真正仔细阅读，还会帮你找到难读的段落，从而知道那些代码的易读性需要做出改进。
- 学着模仿别人的风格写 Python 程序，直到哪天你找到自己的风格为止。
- 一旦你有了自己的风格，也别把它太当回事儿。程序员工作的一部分就是和别人的代码打交道，有的人审美就是很差。相信我，你的审美某一方面一定也很差，只是你从未意识到而已。
- 如果你发现有人写代码的风格你很喜欢，那就模仿他们的风格。

好的注释

- 有程序员会告诉你，你的代码需要有足够的可读性，这样就无须写注释了。他们会略带官腔地说："所以你永远都不应该写代码注释。"这些人要么是一些顾问型的人物（如果别人无法使用他们的代码，就会付更多钱给他们，让他们解决问题），要么就是他们的能力不够，从来没有跟别人合作过。别理会这些人，好好写你的注释。
- 写注释的时候，描述清楚为什么要这样做。代码只会告诉你"这样实现"，而不会告诉你"为什么要这样实现"，而后者比前者更重要。
- 为函数写文档注释的时候，记得为别的代码使用者也写些东西。不需要狂写一大堆，但用一两句话写写这个函数的用法还是很有用的。
- 虽然注释是好东西，但太多的注释就不见得是了。而且注释也是需要维护的，要尽量让注释短小精悍、一语中的，如果你对代码做了更改，记得检查并更新相关的注释，确认它们还是正确的。

为你的游戏评分

现在假装你就是我，板起脸来，把你的代码打印出来，然后拿一支红笔，把代码中所有的错误都标出来。要充分利用你在这个习题以及前面的习题中学到的知识。等你批改完了，要把所有的错误改对。这个过程需要你多重复几次，争取找到更多可以改进的地方。使用前面教过的方法，把代码分解成最细小的单元一一进行分析。

　　这个习题的目的是训练你对类的细节的关注程度。等你检查完自己的代码，再找一段别人的代码，用同样的方法检查一遍。把代码打印出来，检查出所有代码和风格方面的错误，然后试着在不改坏别人代码的前提下修正它们。

　　这周要你做的事情就是评估和修正代码，包括你自己的代码和别人的代码，再没有别的了。这个习题难度还是挺大的，不过一旦完成了这个任务，你学过的东西就会牢牢记在脑海中。

项目骨架

在 这里你将学会如何建立一个项目"骨架"目录。这个骨架目录具备让项目运行起来的所有基本内容。它里边会包含你的项目文件布局、自动测试代码、模块及安装脚本。当你建立一个新项目的时候，只要把这个目录复制过去，改改目录的名字，再编辑里边的文件就行了。

macOS/Linux 配置

开始之前，你需要为 Python 安装一些软件，方法是使用一个叫 pip 的工具（命令格式可能是 pip 或者 pip3.6）来安装新的 Python 模块。pip 命令在安装 python 的时候应该就装好了。你可以用下面这条命令试试看：

```
$ pip3.6 list
pip (9.0.1)
setuptools (28.8.0)
$
```

你可以忽略看到的弃用（deprecation）警告。你可能会看到别的安装了的东西，不过一开始应该只有 pip 和 setuptools。没问题后你就可以安装 virtualenv 了：

```
$ sudo pip3.6 install virtualenv
Password:
Collecting virtualenv
  Downloading virtualenv-15.1.0-py2.py3-none-any.whl (1.8MB)
    100% |||||||||||||||||||||||||||||||| 1.8MB 1.1MB/s
Installing collected packages: virtualenv
Successfully installed virtualenv-15.1.0
$
```

这是 Linux 或 macOS 系统的做法，如果你用的是这些系统，你需要用下面这条命令确认一下使用的 virtualenv 是正确的：

```
$ whereis virtualenv
/Library/Frameworks/Python.framework/Versions/3.6/bin/virtualenv
```

以上是在 macOS 上应该看到的结果，但在 Linux 上看到的可能只是一个 virtualenv 命令，也许你还可以直接从包管理器中安装。

装好 virutalenv 后你就可以用它创建一个"假的" Python 安装环境，这样可以使管理不同项目的包版本更加容易。首先执行下面的命令，然后我会进一步解释它是做什么的：

```
$ mkdir ~/.venvs
$ virtualenv --system-site-packages ~/.venvs/lpthw
$ . ~/.venvs/lpthw/bin/activate
(lpthw) $
```

下面是逐行解释。

1. 你在 HOME ~/下面创建了一个叫 .venvs 的目录，用来存储你所有的虚拟环境。
2. 你执行了 virtualenv，让它包含了系统站点包（--system-site-packages），然后让它在~/.venvs/lpthw 中创建一个虚拟环境。
3. 然后你用 source 命令激活了 lpthw 虚拟环境，也就是 bash 的操作符紧跟着 ~/.venvs/ lpthw/bin/activate 脚本。
4. 最后，你的命令行提示多了（lpthw），这表示你已经在这个虚拟环境中了。

现在你可以看看东西的安装目录：

```
(lpthw) $ which python
/Users/zedshaw/.venvs/lpthw/bin/python
(lpthw) $ python
Python 3.6.0rc2 (v3.6.0rc2:800a67f7806d, Dec 16 2016, 14:12:21)
[GCC 4.2.1 (Apple Inc. build 5666) (dot 3)] on darwin
Type "help", "copyright", "credits" or "license" for more information.
>>> quit()
(lpthw) $
```

你可以看到我们运行的 python 是在/Users/zedshaw/.venvs/lpthw/bin/python 目录中安装的，而不是在初始位置。这样还解决了总要输入 python3.6 的问题，这样两个命令它都装了：

```
$ which python3.6
/Users/zedshaw/.venvs/lpthw/bin/python3.6
(lpthw) $
```

对于 virtualenv 和 pip 命令也一样。最后一步是安装 nose，这是我们将会用到的一个测试框架：

```
$ pip install nose
Collecting nose
    Downloading nose-1.3.7-py3-none-any.whl (154kB)
     100% |||||||||||||||||||||||||||||||| 163kB 3.2MB/s
Installing collected packages: nose
Successfully installed nose-1.3.7
(lpthw) $
```

Windows 10 配置

Windows 10 的安装比在 Linux 或 macOS 上简单，不过前提是你只装了一个版本的 Python。如果你装了 Python 3.6 和 Python 2.7 两个版本，那要管理起来就难了，你自己搞定吧。如果你是一直照着本书做的，只装了 Python 3.6，下面就是你所做的。首先，变到起始目录，确认 Python 版本：

```
> cd ~
> python
Python 3.6.0 (v3.6.0:41df79263a11, Dec 23 2016, 08:06:12)
    [MSC v.1900 64 bit (AMD64)] on win32
Type "help", "copyright", "credits" or "license" for more information.
>>> quit()
```

然后运行 pip，确认有基本的安装：

```
> pip list
pip (9.0.1)
setuptools (28.8.0)
```

你可以安全忽略弃用（deprecation）警告，如果有看到有别的已安装包也没关系。接下来你要安装 virtualenv 来设置简单的虚拟环境，这也是本书后面要用到的：

```
> pip install virtualenv
Collecting virtualenv
  Using cached virtualenv-15.1.0-py2.py3-none-any.whl
Installing collected packages: virtualenv
Successfully installed virtualenv-15.1.0
```

安装好了 virtualenv 你就需要创建一个 .venvs 文件夹，在里边装上你的虚拟环境：

```
> mkdir .venvs
> virtualenv --system-site-packages .venvs/lpthw
Using base prefix
    'c:\\users\\zedsh\\appdata\\local\\programs\\python\\python36'
New python executable in
    C:\Users\zedshaw\.venvs\lpthw\Scripts\python.exe
Installing setuptools, pip, wheel...done.
```

这两条命令创建了一个 .venvs 文件夹，用来存储不同的虚拟环境，然后为你创建了第一个虚拟环境，叫 lpthw。虚拟环境就是一个用来安装软件的"假的"地方，这样你就可以针对不同项目使用不同版本的软件包了。安装好以后你需要激活虚拟环境：

```
> .\.venvs\lpthw\Scripts\activate
```

这样就为 PowerShell 运行 activate 脚本，它把你当前的 shell 设为使用 lpthw 虚拟环境。

每次使用书中的软件，你都要先执行这条命令。你会注意到接下来的命令中就有一个（lpthw），它表示你正在使用的虚拟环境。最后，你需要安装 nose，以供后面运行测试使用：

```
(lpthw) > pip install nose
Collecting nose
  Downloading nose-1.3.7-py3-none-any.whl (154kB)
    100% ||||||||||||||||||||||||||||||||| 163kB 1.2MB/s
Installing collected packages: nose
Successfully installed nose-1.3.7
(lpthw) >
```

这样 nose 就装好了，只不过 pip 把它装到了 .venvs/lpthw 虚拟环境下面，而非主系统软件包目录。这样你就可以为不同项目安装不同的相互冲突的 Python 软件包版本，同时还不会污染主系统级别的配置。

创建骨架项目目录

首先使用下述命令创建骨架目录的结构：

```
$ mkdir projects
$ cd projects/
$ mkdir skeleton
$ cd skeleton
$ mkdir bin NAME tests docs
```

我用了一个叫 projects 的目录来存储自己的各个项目，然后在里边建立了一个叫 skeleton 的目录，这就是我们新项目的基础目录。其中叫 NAME 的目录是你的项目的主模块，使用骨架时，你可以将其重命名为你的项目的主模块名称。

接下来要设置一些初始文件。下面是如何在 Linux/macOS 环境下进行配置：

```
$ touch NAME/__init__.py
$ touch tests/__init__.py
```

在 Windows PowerShell 中做同样的事情的设置方式如下：

```
$ new-item -type file NAME/__init__.py
$ new-item -type file tests/__init__.py
```

以上命令创建了空的 Python 模块目录，我们可以将代码放入其中。然后我们需要建立一个 setup.py 文件，这个文件在安装项目的时候会用到。

setup.py

```
1  try:
2      from setuptools import setup
3  except ImportError:
4      from distutils.core import setup
```

```
5
6   config = {
7       'description': 'My Project',
8       'author': 'My Name',
9       'url': 'URL to get it at.',
10      'download_url': 'Where to download it.',
11      'author_email': 'My email.',
12      'version': '0.1',
13      'install_requires': ['nose'],
14      'packages': ['NAME'],
15      'scripts': [],
16      'name': 'projectname'
17  }
18
19  setup(**config)
```

编辑这个文件，把自己的联系方式写进去，这样每次复制时就不用更新了。

最后需要一个简单的测试专用的骨架文件叫 tests/NAME_tests.py。

NAME_tests.py

```
1   from nose.tools import *
2   import NAME
3
4   def setup():
5       print("SETUP!")
6
7   def teardown():
8       print("TEAR DOWN!")
9
10  def test_basic():
11      print("I RAN!")
```

最终目录结构

完成了一切准备工作时，你的目录看上去应该和我这里的一样：

```
skeleton/
    NAME/
        __init__.py
    bin/
    docs/
    setup.py
    tests/
        NAME_tests.py
        __init__.py
```

　　从现在开始，你应该在这层目录运行相关的命令。如果你运行 `ls -R` 看到的不是这个目录结构，那你所处的目录就是错的。例如，人们经常到 `tests/`目录下运行那里的文件，但这样是行不通的。要运行你的应用程序的测试，你需要到 `tests/`的上一级目录，也就是上面显示的目录来运行。所以，如果你运行下面的命令就大错特错了！

```
$ cd tests/    # WRONG! WRONG! WRONG!
$ nosetests


----------------------------------------------------------------------
Ran 0 tests in 0.000s

OK
```

　　你必须在 `tests/`目录的上一层运行才可以，所以假设你犯了这个错误，应该用下面的方法来修正：

```
$ cd ..     # get out of tests/
$ ls        # CORRECT! you are now in the right spot
NAME                bin         docs        setup.py        tests
$ nosetests
.
----------------------------------------------------------------------
Ran 1 test in 0.004s

OK
```

　　这一条一定要记住，因为人们经常犯这样的错误。

警告　出版本书的时候我得知 `nose` 项目已经被抛弃，可能不太好用了。如果你运行 `nosetests` 时遇到奇怪的语法错误，那就看看错误输出，如果它的输出中提到 python2.7，那就有可能是因为 `nosetests` 试图在计算机上运行 2.7 版的 Python。解决方案是在 macOS 或者 Linux 上使用 `python3.6 -m "nose"`，Windows 应该没这个问题，但如果有，运行 `python -m "nose"`也能解决。

测试你的配置

　　安装了所有软件包以后，就可以做下面的事情了：

```
$ nosetests
.
----------------------------------------------------------------------
Ran 1 test in 0.007s

OK
```

下一个习题中我会告诉你 nosetests 是做什么的，不过如果你没有看懂上面的内容，那就说明哪里出错了。确保你把 __init__.py 放在 NAME 和 tests 目录下，并且确保你正确得到了 tests/NAME_tests.py。

使用这个骨架

"剃牦牛"的事情已经做得差不多了，以后每次要新建一个项目时，只要做下面的事情就可以了。

1. 复制这份骨架目录，把名字改成新项目的名字。
2. 将 NAME 目录更名为你的项目的名字，或者你想给自己的根模块起的名字。
3. 编辑 setup.py，让它包含新项目的相关信息。
4. 重命名 tests/NAME_tests.py，把 NAME 换成你的模块的名字。
5. 使用 nosetests 检查有无错误。
6. 开始写代码。

小测验

这个习题没有巩固练习，不过需要你做一个小测验。

1. 找文档阅读，学会如何使用已经安装了的软件包。
2. 阅读关于 setup.py 文件的文档，以及它需要提供的一切。警告：它并不是一个编写得非常好的软件，所以使用起来会非常奇怪。
3. 创建一个项目，在模块目录里写一些代码，并让这个模块可以运行。
4. 在 bin 目录下放一个可以运行的脚本。找材料学习一下怎样创建可以在系统下运行的 Python 脚本。
5. 在 setup.py 中加入 bin 里的脚本，这样你安装时就可以连 bin 的脚本也安装进去。
6. 使用 setup.py 安装你的模块，并确保安装的模块可以正常使用，最后使用 pip 将其卸载。

常见问题回答

这些指令在 Windows 下能起作用吗？

应该可以，不过在某些版本的 Windows 里使其工作可能会遇到一点儿困难。自己去研究并尝试，直到搞清楚为止，或者看是否可以找有 Python+Windows 经验的朋友帮忙。

setup.py 的配置字典中该放些什么信息进去？

读读 distutils 的文档就知道了。

没法加载 NAME 模块，遇到了 ImportError。

确保你创建了 NAME/__init__.py 文件。如果用的是 Windows，那就再检查一下是不是被命名成了 NAME/__init__.py.txt，有的编辑器会默认弄成这个样子。

为什么非要弄个 bin/文件夹？

这只是一个标准的位置，用来存放在命令行上运行的脚本，但这不是存放模块的地方。

我的 nosetests 只显示运行了一个测试。这样有没有问题？

没问题。我的输出也是这样子的。

自动化测试

为了确认游戏的功能正常，你需要一遍一遍地在你的游戏中键入命令。这个过程是很枯燥无味的。如果能写一小段代码来测试代码岂不是更好？然后只要你对程序做了任何修改，或者添加了什么新东西，只要"运行一下测试"，而这些测试能确保程序依然能正确运行。这些自动测试不会抓到所有的 bug，但可以让你无须重复键入命令运行你的代码，从而为你节约很多时间。

这个习题后面的每个习题不会再有"应该看到的结果"一节了，取而代之的是一个"应该测试的东西"一节。从现在开始，你需要为自己写的所有代码写自动测试，这有希望让你成为一名更好的程序员。

我不会解释为什么你需要写自动测试。我要告诉你的是，想要成为一名程序员，而程序员的作用是让无聊冗繁的工作自动化，测试软件毫无疑问是无聊冗繁的，所以你还是写点儿代码让它为你测试的好。

因为写单元测试的原因是让你的大脑更加强健，所以这应该是你需要的所有的解释了。你读了这本书，写了很多代码来做一些事情。现在将更进一步，写出懂得你写的其他代码的代码。这个写代码测试你写的其他代码的过程将强迫你清晰地理解你之前写的代码。这会让你更清晰地了解你写的代码实现的功能及其原理，而且让你对细节的注意程度更上一个台阶。

编写测试用例

下面将以一段非常简单的代码为例，写一个简单的测试，这个测试将建立在上一个习题中我们创建的项目骨架上。

首先，从你的项目骨架创建一个叫 ex47 的项目。下面是要采取的步骤。我将用自然语言给出这些指令而不是展示如何录入它们，你必须理解这一点。

1. 复制骨架到 ex47 中。
2. 将带有 NAME 的东西都重命名为 ex47。
3. 所有文件中的 NAME 全部改为 ex47。
4. 删除所有*.pyc 文件，确保已经清理干净。

如果你遇到困难，回头看一下习题 46。如果完成这些还不是很容易，需要多练习几次。

> **警告**　记住,你要执行 nosetests 命令来运行测试。你可以通过 python3.6 ex47_tests.py 来运行它们，但这样很不方便，而且每个测试文件都得用一个专门的命令去运行。

接下来创建一个简单的 ex47/game.py 文件，里边放一些要测试的代码。现在放一个傻乎乎的小类进去作为要测试的对象。

game.py

```
1   class Room(object):
2
3       def __init__(self, name, description):
4           self.name = name
5           self.description = description
6           self.paths = {}
7
8       def go(self, direction):
9           return self.paths.get(direction, None)
10
11      def add_paths(self, paths):
12          self.paths.update(paths)
```

准备好这个文件之后，接下来把单元测试骨架改成下面这个样子。

ex47_tests.py

```
1   from nose.tools import *
2   from ex47.game import Room
3
4
5   def test_room():
6       gold = Room("GoldRoom",
7                   """This room has gold in it you can grab. There's a
8                   door to the north.""")
9       assert_equal(gold.name, "GoldRoom")
10      assert_equal(gold.paths, {})
11
12  def test_room_paths():
13      center = Room("Center", "Test room in the center.")
14      north = Room("North", "Test room in the north.")
15      south = Room("South", "Test room in the south.")
16
17      center.add_paths({'north': north, 'south': south})
18      assert_equal(center.go('north'), north)
19      assert_equal(center.go('south'), south)
20
21  def test_map():
```

```
22          start = Room("Start", "You can go west and down a hole.")
23          west = Room("Trees", "There are trees here, you can go east.")
24          down = Room("Dungeon", "It's dark down here, you can go up.")
25
26          start.add_paths({'west': west, 'down': down})
27          west.add_paths({'east': start})
28          down.add_paths({'up': start})
29
30          assert_equal(start.go('west'), west)
31          assert_equal(start.go('west').go('east'), start)
32          assert_equal(start.go('down').go('up'), start)
```

　　这个文件导入了你在 ex47.game 模块中创建的 Room 类，以便你可以对其进行测试。于是我们看到一系列以 test_ 开头的测试函数，它们就是所谓的"测试用例"（test case），每一个测试用例里面都有一小段代码，它们会创建一个或者一些房间，然后去确认房间的功能和你期望的是否一样。它测试了基本的房间功能，然后测试了路径，最后测试了整个地图。

　　这里最重要的函数是 assert_equal，它保证了你设置的变量以及你在 Room 里设置的路径与你的期望相符。如果得到错误的结果，nosetests 将会打印出一条出错消息，这样就可以找到出错的地方并修正过来了。

测试指南

　　在写测试代码时，你可以照着下面这些不是很严格的指导原则来做。

1. 测试文件要放到 tests/ 目录下，并且命名为 BLAH_tests.py，否则 nosetests 就不会执行你的测试文件了。这样做还有一个好处就是防止测试代码和别的代码互相混掉。
2. 为你创建的每一个模块写一个测试文件。
3. 测试用例（函数）保持简短，但如果看上去不怎么整洁也没关系，测试用例一般都有点儿乱。
4. 就算测试用例有些乱，也要试着让它们保持整洁，把里边重复的代码删掉。创建一些辅助函数来避免重复的代码。当你下次改完代码需要改测试的时候，你会感谢我这一条建议的。重复的代码会让修改测试变得很难操作。
5. 最后一条是别太把测试当回事儿。有时候，更好的方法是把代码和测试全部删掉，然后重新设计代码。

应该看到的结果

```
$ nosetests
```

```
...
-------------------------------------------------------------------
Ran 3 tests in 0.008s

OK
```

如果一切工作正常的话，你看到的结果应该就是上面这样的。试着把代码改错几个地方，然后看出错消息会是什么，再把代码改正确。

巩固练习

1. 仔细阅读与 nosetests 相关的文档，再去了解一下其他的替代方案。
2. 了解一下 Python 的"doc tests"，看看你是不是更喜欢这种测试方式。
3. 改进你游戏里的 Room，然后用它重建你的游戏，这次重写，你需要一边写代码，一边把单元测试写出来。

常见问题回答

运行 **nosetests** 时出现语法错误。

看看出错消息的具体内容，把对应行的语法错误改正过来。nosetests 这类工具会运行你写的程序代码和测试代码，所以和 Python 一样，它也会找出你的语法错误。

无法导入 **ex47.game**？

确保你创建了 ex47/__init__.py 文件，回到前面的内容看看如何创建。如果已经创建了，那就在 macOS/Linux 上执行以下命令：

export PYTHONPATH=.

如果是在 Windows 上就执行以下命令：

$env:PYTHONPATH = "$env:PYTHONPATH;."

最后，确保你正在用 nosetests 运行测试，而不只是用 Python。

运行 **nosetests** 时看到 **UserWarning**。

你也许安装了两个版本的 Python，或者你没有使用 pip，照着习题 46 安装一下 pip 就可以了。

用户输入进阶

前 面的游戏中你处理的用户输入都只是固定的字符串。如果用户输入 "run"，一字不差，那么游戏就能工作。如果用户输入了类似的语句，如 "run fast"，程序就会失败。我们需要的是一个设备，能够处理用户用各种方法输入的短语，然后将其转换为计算机能读懂的东西。例如，下面的几种表述我们都应该支持：

- open door
- open the door
- go THROUGH the door
- punch bear
- Punch The Bear in the FACE

如果用户的输入和常用英语很接近也应该是可以的，而你的游戏要识别出它们的意思。为了达到这个目的，需要写一个模块专门做这件事情。这个模块里边会有若干个类，它们互相配合，处理用户输入，并将用户输入转换成你的游戏可以可靠处理的命令。

英语的简单格式是下面这个样子的：

- 单词由空格隔开；
- 句子由单词组成；
- 语法控制句子的含义。

所以最好的开始方式是先弄清楚如何得到用户输入的单词，并且判断出它们是什么。

我们的游戏词汇

我在游戏里创建了下面这个允许使用的单词（称为"词汇"）的词汇表。

- 表示方向的单词：north、south、east、west、down、up、left、right、back。
- 动词：go、stop、kill、eat。
- 修饰词：the、in、of、from、at、it。
- 名词：door、bear、princess、cabinet。
- 数词：由字符 0～9 构成的字符串。

说到名词，我们会遇到一个小问题，那就是不一样的房间会用到不一样的一组名词，不过让我们先挑一小组出来写程序，以后再做改进。

断句

我们已经有了单词的词汇表，为了分析句子的意思，接下来需要找到一种断句的方法。我们对句子的定义是"空格隔开的单词"，所以只要这样就可以了：

```
stuff = input('> ')
words = stuff.split()
```

目前做到这样就可以了，不过这招儿在相当一段时间内都不会有问题。

词汇元组

一旦我们知道了如何将句子断成单词，剩下的就是逐一检查这些单词，看它们是什么"类型"的。为了达到这个目的，我们将用到一种非常好用的 Python 数据结构，叫"元组"（tuple）。元组其实就是一个不能修改的列表。创建它的方法和创建列表差不多，成员之间需要用逗号隔开，然后放到圆括号中：

```
first_word = ('verb', 'go')
second_word = ('direction', 'north')
third_word = ('direction', 'west')
sentence = [first_word, second_word, third_word]
```

这样就创建了一个(TYPE, WORD)组，让你识别出单词，并且对它执行指令。

这只是一个例子，不过最后做出来的样子也差不多。你接收用户输入，用 split 将其分隔成单词，然后分析这些单词，识别它们的类型，最后重新组成一个句子。

扫描输入

现在你要写的是扫描器。这个扫描器会将用户输入的字符串当作参数，然后返回由多个(TOKEN, WORD)组成的一个列表，这个列表实现类似句子的功能。如果一个单词不在预定义的单词词汇表中，那它返回时 WORD 应该还在，但 TOKEN 应该设置成一个专门的错误标记。这个错误标记将告诉用户哪里出错了。

有趣的地方来了。我不会告诉你这些该怎样做，但我会写一个"单元测试"（unit test），而你要编写扫描器出来，以便保证单元测试能够正常通过。

异常和数值

有一件小事情我会先帮帮你，那就是数值转换。为了做到这一点，我们会作一点儿弊，使用"异常"（exception）。"异常"指的是运行某个函数时得到的错误。你的函数在遇到错误时，就会"引发"（raise）一个异常，然后你就要去"处理"（handle）这个异常。假如你在 Python 里写了下面这些东西就会得到一个异常。

习题 48　会话

```
Python 3.6.0 (default, Feb 2 2017, 12:48:29)
[GCC 4.2.1 Compatible Apple LLVM 7.0.2 (clang-700.1.81)] on darwin
Type "help", "copyright", "credits" or "license" for more information.
>>> int("hell")
Traceback (most recent call last):
  File "<stdin>", line 1, in <module>
ValueError: invalid literal for int() with base 10: 'hell'
```

这个 ValueError 就是 int() 函数抛出的一个异常，因为你给 int() 的参数不是一个数值。int() 函数其实也可以返回一个值来告诉你它遇到了错误，不过由于它只能返回整数值，所以做到这一点有点儿难。它不能返回-1，因为这也是一个数值。int() 没有纠结在它"究竟应该返回什么"上面，而是引发了一个叫 ValueError 的异常，然后你只要处理这个异常就可以了。

处理异常的方法是使用 try 和 except 这两个关键字。

ex48_convert.py

```
1  def convert_number(s):
2      try:
3          return int(s)
4      except ValueError:
5          return None
```

把要"试着"运行的代码放到 try 块里，再将出错后要运行的代码放到 except 块里。在这里，要试着调用 int() 去处理某个可能是数值的东西，如果中间出了错，就"捕获"这个错误，然后返回 None。

在你写的扫描器里面，你应该使用这个函数来测试某个东西是不是数值。做完这个检查，你就可以声明这个单词是一个错误单词了。

测试优先挑战

测试优先是一种编程策略，你先写自动化测试，假装代码已经可以工作了，然后写代码让测试通过。当你还没想好代码实现，但已经想好代码的使用方式时，这个方法尤为有用。例如，你已经知道了在另一个模块中如何使用某个新类，但你还没有想好如何实现这个类，那你就可以先为这个类写测试。

你将利用我给你的一个测试写出代码并让测试通过。要做这个练习，请跟随以下流程。

1. 把我给你的测试中的一小部分先创建成测试文件。
2. 确保它运行失败，这时你就知道测试的确能够确认功能是否工作了。
3. 回到源文件 lexicon.py 中，写代码，让测试通过。
4. 重复这一过程，直到测试中的所有内容都已实现为止。

走到第三步以后，你也可以结合别的写代码的方式。

1. 为你需要的函数或者类写一个骨架。
2. 在里边用注释写下函数的运作原理。
3. 根据注释写出代码。
4. 删除重复代码含义的注释。

这种写代码的方式叫"伪代码"，在你还不知道如何实现，但你可以描述实现步骤的时候，这个方法尤为有用。

将"测试优先"和"伪代码"两种方式结合起来，我们就有了下面这个简单的编程流程。

1. 写一段失败的测试代码。
2. 写出测试所需的函数/模块/类的骨架。
3. 在骨架中写注释，描述它的工作方式。
4. 将注释换成代码，直到测试通过。
5. 重复上述过程。

在这个习题中你将演练这个方法，从我给你的测试文件入手，针对 lexicon.py 模块进行演练。

应该测试的东西

下面是你应该使用的测试用例 tests/lexicon_tests.py，但现在还不要录入它。

lexicon_tests.py

```
1   from nose.tools import *
2   from ex48 import lexicon
3
4
5   def test_directions():
6       assert_equal(lexicon.scan("north"), [('direction', 'north')])
7       result = lexicon.scan("north south east")
8       assert_equal(result, [('direction', 'north'),
9                             ('direction', 'south'),
10                            ('direction', 'east')])
11
12  def test_verbs():
```

```
13      assert_equal(lexicon.scan("go"), [('verb', 'go')])
14      result = lexicon.scan("go kill eat")
15      assert_equal(result, [('verb', 'go'),
16                            ('verb', 'kill'),
17                            ('verb', 'eat')])
18
19
20  def test_stops():
21      assert_equal(lexicon.scan("the"), [('stop', 'the')])
22      result = lexicon.scan("the in of")
23      assert_equal(result, [('stop', 'the'),
24                            ('stop', 'in'),
25                            ('stop', 'of')])
26
27
28  def test_nouns():
29      assert_equal(lexicon.scan("bear"), [('noun', 'bear')])
30      result = lexicon.scan("bear princess")
31      assert_equal(result, [('noun', 'bear'),
32                            ('noun', 'princess')])
33
34  def test_numbers():
35      assert_equal(lexicon.scan("1234"), [('number', 1234)])
36      result = lexicon.scan("3 91234")
37      assert_equal(result, [('number', 3),
38                            ('number', 91234)])
39
40
41  def test_errors():
42      assert_equal(lexicon.scan("ASDFADFASDF"),
43                  [('error', 'ASDFADFASDF')])
44      result = lexicon.scan("bear IAS princess")
45      assert_equal(result, [('noun', 'bear'),
46                            ('error', 'IAS'),
47                            ('noun', 'princess')])
```

　　你要像在习题 47 中所做的那样，使用项目骨架创建一个新项目，然后创建测试用例和 lexicon.py 文件，看看测试文件的顶部的引用方式，你就知道 lexicon.py 该放在哪里了。

　　接下来，照着我给你的流程，一次写一点儿测试用例。例如，我是这么做的。

1. 写下最上面的 import，让它能工作。
2. 创建一个 test_directions 测试用例，内容为空，确保测试可以运行。
3. 写下 test_directions 测试用例的第一行代码，让它测试失败。
4. 打开 lexicon.py 文件，创建一个空的 scan 函数。
5. 运行测试，确保 scan 函数被运行，尽管依然会失败。

6. 为 scan 函数填写伪代码注释，描述 scan 函数在该如何让 test_directions 通过。

7. 为伪代码注释写真实代码，直到 test_directions 测试通过。

8. 回到 test_directions 里写下剩下的行。

9. 回到 lexicon.py 中的 scan 函数，让新的测试代码通过。

10. 一个测试通过以后，就从下一个测试开始继续工作。

只要坚持这一流程，一次一点儿，你就可以把一个大的问题转化为一系列容易解决的小问题。这就像把一座高山变成了一堆小山丘。

巩固练习

1. 改进单元测试，让它覆盖更多的词汇。

2. 向词汇表添加更多的单词，并更新单元测试代码。

3. 确保你的扫描器能够处理任意大小写的用户输入。更新单元测试以确保它实际工作。

4. 找出另一种转换数值的方法。

5. 我的解决方案用了 37 行代码，你的是更长还是更短呢？

常见问题回答

为什么我老看到 ImportError？

通常有 4 件事情会导致 ImportError：（1）在模块目录中没有创建 __init__.py；（2）在错误的目录中执行了 import；（3）拼写错误，导致导入了错误的模块；（4）PYTHONPATH 没有设置到 .，所以你无法从当前目录加载模块。

try-except 和 if-else 有何不同？

try-expect 仅用于处理模块抛出的异常，绝不要把它用作 if-else 的替代品。

有没有办法让游戏在等待用户输入的时候不间断地运行？

我猜想你是想把游戏做得更高级，用户反应不够快就被怪物杀死之类的。这个是可以做到的，不过需要用到更高级的模块和编程技巧，这些内容本书不会涉及。

创建句子

从 这个小游戏的词汇扫描器中，我们应该可以得到类似下面的列表。

习题 49　Python 会话

```
Python 3.6.0 (default, Feb 2 2017, 12:48:29)
[GCC 4.2.1 Compatible Apple LLVM 7.0.2 (clang-700.1.81)] on darwin
Type "help", "copyright", "credits" or "license" for more information.
>>> from ex48 import lexicon
>>> lexicon.scan("go north")
[('verb', 'go'), ('direction', 'north')]
>>> lexicon.scan("kill the princess")
[('verb', 'kill'), ('stop', 'the'), ('noun', 'princess')]
>>> lexicon.scan("eat the bear")
[('verb', 'eat'), ('stop', 'the'), ('noun', 'bear')]
```

对于长句也是适用的，比如：lexicon.scan("open the door and smack the bear in the nose")。

现在让我们把它转化成游戏可以使用的东西，也就是一个 Sentence 类。如果你还没忘记学校学过的东西的话，一个句子是由下面这样的结构组成的：

主语　谓语（动词）　宾语

显然，实际的句子可能会比这复杂得多，而你可能已经在英语的语法课上被折腾得够呛了。我们的目的是将上面的元组列表转换为一个 Sentence 对象，而这个对象又包含主语、谓语和宾语各个成员。

match 和 peek

要达到这个效果，需要以下 5 样工具。

1. 循环访问单词列表的方法，这挺简单的。
2. "匹配"（match）主谓宾设置中不同种类元组的方法。
3. "预览"（peek）潜在元组的方法，以便做决定时用到。
4. "跳过"（skip）我们不关心的内容的方法，如形容词、冠词等修饰词。
5. 一个 Sentence 对象，用来存放结果。

把这些函数放到一个叫 *ex48/parser.py* 的文件中的 ex48.parser 模块里，以方便对其进行测试。我们使用 peek 函数来预览元组列表中的下一个成员，然后使用 match 函数取出一个元素对其进行操作。

句子的语法

写代码之前，你需要理解基本的英语语法。在我们的语法分析器中，我们想要产生一个 Sentence 对象，它包含以下 3 个属性。

- **Sentence.subject**：句子的主语，大部分时候我们可以默认其为 "player"（玩家），因为 "run north" 的意思就是 "player run north"。主语应该是名词。
- **Sentence.virb**：句子的动作。在 "run north" 中就是 "run"。这应该是一个动词。
- **Sentence.object**：这是一个名词，表示动作作用的对象。在游戏中我们区分了各种方向，它们也是宾语。在 "run north" 中 "north" 就是宾语。在 "hit bear" 中 "bear" 也是宾语。

然后我们的语法分析器需要使用我们描述的函数，扫描句子，将其转换为和输入匹配的 Sentence 对象的列表。

关于异常

你已经简单学过关于异常的一些内容，但还没学过怎样引发它们。这个习题的代码演示了如何用前面定义的 ParserError 来引发异常。注意，ParserError 是一个定义为 Exception 类型的类。另外要注意我们是怎样使用 raise 这个关键字来引发异常的。

你的测试代码应该也要处理这些异常，这个我也会演示给你如何实现。

语法分析器代码

如果你想要挑战自己，现在就停下来，根据我的描述去实现代码。如果你卡住了，就回来看看我的代码，不过自己实现语法分析器是一个很好的练习。我会讲解代码，以便你可以录入到 *ex48/parser.py* 中。语法分析器的开始是一个异常，在分析错误的时候我们会用到它。

parser.py

```
1    class ParserError(Exception):
2        pass
```

这样就创建好了自己的 ParserError 异常类。接下来我们需要创建一个 Sentence 对象。

```
1   class Sentence(object):
2
3       def __init__(self, subject, verb, obj):
4           # remember we take ('noun','princess') tuples and convert them
5           self.subject = subject[1]
6           self.verb = verb[1]
7           self.object = obj[1]
```

代码到现在为止还没什么特别的，只是创建简单的类而已。

在问题描述中，我们说需要一个函数，用它来预览单词列表，返回单词的类型。

```
1   def peek(word_list):
2       if word_list:
3           word = word_list[0]
4           return word[0]
5       else:
6           return None
```

我们需要这个函数，因为我们需要基于下一个单词来判断我们要应对的是什么样的句子。然后我们可以调用另一个函数接收这个单词，然后继续处理。

要接收一个单词，我们使用了 match 函数，它会确认期望的单词类型是正确的，将其从列表中取走，然后返回该单词。

```
1    def match(word_list, expecting):
2        if word_list:
3            word = word_list.pop(0)
4
5            if word[0] == expecting:
6                return word
7            else:
8                return None
9        else:
10           return None
```

这些依然挺简单的，不过你要确保自己弄懂了这些代码，另外要确保自己明白为什么要这样做。我需要查看列表中的单词，然后才能知道要处理的是什么样的句子，然后我需要匹配这些单词，创建我的 Sentence 对象。

最后我需要一种可以跳过单词的方法，用来忽略对 Sentence 无用的单词。这些单词我们会标记为"停止词"（stop word，类型 'stop'），比如"the""and""a"之类的单词。

parser.py

```
1    def skip(word_list, word_type):
2        while peek(word_list) == word_type:
3            match(word_list, word_type)
```

记住 skip 函数不只是会跳过一个单词，而是会跳过所有同类型的单词。这样一来，如果有人输入了"scream at the bear"，那你得到的结果会是"scream"和"bear"。

这就是我们需要的一组基本的语法分析函数了，用这些函数我们可以分析任何我想要的文本。不过我们的语法分析器还是很简单，所以剩下的函数都很短。

首先我们可以处理动词分析。

parser.py

```
1    def parse_verb(word_list):
2        skip(word_list, 'stop')
3
4        if peek(word_list) == 'verb':
5            return match(word_list, 'verb')
6        else:
7            raise ParserError("Expected a verb next.")
```

我们跳过任何"停止词"，然后向前预览，确保下一个单词是动词类型。如果不是，就引发 ParserError 并说明原因。如果是动词，那就匹配它，将它从列表中取走。还有一个类似的函数用来处理句子的宾语。

parser.py

```
1    def parse_object(word_list):
2        skip(word_list, 'stop')
3        next_word = peek(word_list)
4
5        if next_word == 'noun':
6            return match(word_list, 'noun')
7        elif next_word == 'direction':
8            return match(word_list, 'direction')
9        else:
10           raise ParserError("Expected a noun or direction next.")
```

样，跳过"停止词"，向前预览，然后基于看到的内容决定句子是否正确。在 parser_object 函数中，我们还需要处理两种类型的宾语对象，即 noun（名词）和 direction（方向）。

处理主语也是类似的，不过由于我们要处理隐含的"player"名词，我们还是需要使用预览。

parser.py

```
1    def parse_subject(word_list):
2        skip(word_list, 'stop')
```

```
3         next_word = peek(word_list)
4
5         if next_word == 'noun':
6             return match(word_list, 'noun')
7         elif next_word == 'verb':
8             return('noun', 'player')
9         else:
10            raise ParserError("Expected a verb next.")
```

这些都准备好了，分析句子的函数 parse_sentence 就很简单了。

parser.py

```
1    def parse_sentence(word_list):
2        subj = parse_subject(word_list)
3        verb = parse_verb(word_list)
4        obj = parse_object(word_list)
5
6        return Sentence(subj, verb, obj)
```

尝试语法分析器

要知道语法分析器如何工作，你可以试着像下面这样运行。

习题 49a　Python 会话

```
Python 3.6.0 (default, Feb 2 2017, 12:48:29)
[GCC 4.2.1 Compatible Apple LLVM 7.0.2 (clang-700.1.81)] on darwin
Type "help", "copyright", "credits" or "license" for more information.
>>> from ex48.parser import *
>>> x = parse_sentence([('verb', 'run'), ('direction', 'north')])
>>> x.subject
'player'
>>> x.verb
'run'
>>> x.object
'north'
>>> x = parse_sentence([('noun', 'bear'), ('verb', 'eat'), ('stop', 'the'),
...                      ('noun', 'honey')])
>>> x.subject
'bear'
>>> x.verb
'eat'
>>> x.object
'honey'
```

试着将句子匹配到正确的配对。例如，"the bear run south" 该如何表达？

应该测试的东西

为习题 49 写一个完整的测试，确认这段代码中所有的东西都能正常工作。将这个测试放到 tests/parser_tests.py 中，与上一个习题类似。其中包括异常测试——输入一个错误的句子它会抛出一个异常来。

使用 assert_raises 函数来检查异常，在 nose 文档里查看相关的内容，学着用它预期会失败的测试，这也是测试很重要的一个方面。阅读 nose 文档，学会使用 assert_raises 以及其他一些函数。

写完测试以后，你应该就明白这段代码的工作原理了，而且也学会了如何为别人的代码写测试代码。相信我，这是一项非常有用的技能。

巩固练习

1. 修改 parse_ 方法，将它们放到一个类里边，而不只是将其作为方法。这两种设计你喜欢哪一种呢？
2. 提高 parser 对错误输入的抵御能力，以便即使用户输入了你预定义词汇之外的单词，你的程序也能正常运行。
3. 改进文法，让它可以处理更多的东西，如数值。
4. 想想在游戏里你可以怎样使用这个 Sentence 类，从而对用户输入做一些有趣的处理。

常见问题回答

assert_raises 老是弄不对。

你确认自己写的是 assert_raises(exception, callable, parameters) 而不是 assert_raises(exception, callable(parameters))。注意，第二种格式所做的其实是调用这个函数，并将函数的返回值作为参数传给 assert_raises，这样做是错误的。必须把要调用的函数和它的参数都传入 assert_raises 中。

你的第一个网站

在这个习题以及后面的习题中，你的任务是把前面创建的游戏做成网页版。这是本书的最后 3 个习题，这些内容对你来说难度相当大，你要花些时间才能做出来。在开始这个习题以前，你必须已经成功地完成了习题 46 的内容，正确安装了 pip，而且学会了如何安装软件包以及如何创建骨架项目目录。如果不记得这些内容，就回到习题 46 复习一遍。

安装 flask

在创建你的第一个 Web 应用程序之前，你需要安装一个 "Web 框架"，它的名字叫 flask。所谓的 "框架" 通常是指 "让某件事情做起来更容易的软件包"。在 Web 应用程序的世界里，人们创建了各种各样的 "Web 框架"，用来解决他们在搭建网站时遇到的问题，然后把这些解决方案用软件包的方式分享出来，这样你就可以下载这些软件包，用它们引导你自己的项目了。

可选的框架有很多很多，不过在这里我们将使用 flask 框架。你可以先学会它，等到学得差不多的时候再去接触其他框架。flask 本身挺不错的，就算你一直使用也没关系。

使用 pip 安装 flask：

```
$ sudo pip install flask
[sudo] password for zedshaw:
Downloading/unpacking flask
  Running setup.py egg_info for package flask

Installing collected packages: flask
  Running setup.py install for flask

Successfully installed flask
Cleaning up...
```

上面是 Linux 和 macOS 系统下的安装命令，如果你使用的是 Windows，只要把 sudo 去掉就可以了。如果无法正常安装，那就回到习题 46，确保自己学会了里边的内容。

写一个简单的 "Hello World" 项目

现在做一个非常简单的 "Hello World" Web 应用程序，项目目录使用 flask。首先你要创建一个项目目录：

```
$ cd projects
$ mkdir gothonweb
$ cd gothonweb
$ mkdir bin gothonweb tests docs templates
$ touch gothonweb/__init__.py
$ touch tests/__init__.py
```

你最终的目的是把习题 43 中的游戏做成一个 Web 应用程序，因此项目命名为 gothonweb。不过在此之前，你需要创建一个最基本的 flask 应用程序，将下面的代码放到 app.py 中。

ex50.py

```python
1  from flask import Flask
2  app = Flask(__name__)
3
4  @app.route('/')
5  def hello_world():
6      return 'Hello, World!'
7
8  if __name__ == "__main__":
9      app.run()
```

然后使用下面的方法来运行这个 Web 应用程序：

```
(lpthw) $ python3.6 app.py
 * Running on http://127.0.0.1:5000/ (Press CTRL+C to quit)
```

最后，用你的浏览器打开 http://localhost:5000/，你可以看到两个现象，一是浏览器里显示了 Hello, World!，二是你的终端显示了如下输出：

```
(lpthw) $ python3.6 app.py
 * Running on http://127.0.0.1:5000/ (Press CTRL+C to quit)
127.0.0.1 - - [22/Feb/2017 14:28:50] "GET / HTTP/1.1" 200 -
127.0.0.1 - - [22/Feb/2017 14:28:50] "GET /favicon.ico HTTP/1.1" 404 -
127.0.0.1 - - [22/Feb/2017 14:28:50] "GET /favicon.ico HTTP/1.1" 404 -
```

这些是 flask 打印出的日志（log）消息，从这些信息可以看出服务器正在运行，而且能了解到程序在浏览器背后做了些什么事情。这些消息还有助于你调试和弄清楚程序的问题。例如，在最后一行它告诉你浏览器试图获取 /favicon.ico，但是这个文件并不存在，因此它返回的状态码是 404，表示未找到。

到这里，我还没有讲到任何与 Web 相关的工作原理，因为首先你需要完成准备工作，以便后面的学习能顺利进行，接下来的两个习题中会有详细的解释。我会要求你用各种方法把你的 flask 应用程序弄坏，然后再将其重新构建起来，这样做的目的是让你明白运行 flask 程序需要准备好哪些东西。

发生了什么

在浏览器访问你的 Web 应用程序时，发生了下面这些事情。

1. 浏览器建立了到你的计算机的网络连接，你的计算机的名字叫 localhost，这是一个标准称谓，表示的就是网络中你的这台计算机，不管它实际名字是什么，你都可以使用 localhost 来访问。它使用的网络端口是 5000。

2. 连接成功以后，浏览器对 app.py 这个应用程序发出了 HTTP 请求（request），要求访问的 URL 为/，这通常是一个网站的第一个 URL。

3. 既然 flask 找到了 def index，它就调用了这个函数来处理请求。该函数运行后返回了一个字符串，以供 flask 将其传递给浏览器。

4. 最后，flask 完成了对浏览器请求的处理，将响应（response）回传给浏览器，于是你就看到了现在的页面。

确保你真的弄懂了这些，你需要画一个示意图，来理清信息是如何从浏览器传递到 flask，再到 def index，再回到你的浏览器的。

修正错误

第一步，把第 6 行的 greetings 变量赋值删掉，然后刷新浏览器。用 Ctrl+C 杀掉 flask 然后重启它。等它运行起来后再刷新浏览器，你应该会看到一个 "Internal Server Error"（内部服务器错误）。回到终端，你会看到下面这些内容（[VENV]是你的.venvs/目录的路径）：

```
(lpthw) $ python3.6 app.py
 * Running on http://127.0.0.1:5000/ (Press CTRL+C to quit)
[2017-02-22 14:35:54,256] ERROR in app: Exception on / [GET]
Traceback (most recent call last):
  File "[VENV]/site-packages/flask/app.py",
    line 1982, in wsgi_app
    response = self.full_dispatch_request()
  File "[VENV]/site-packages/flask/app.py",
    line 1614, in full_dispatch_request
    rv = self.handle_user_exception(e)
  File "[VENV]/site-packages/flask/app.py",
    line 1517, in handle_user_exception
    reraise(exc_type, exc_value, tb)
  File "[VENV]/site-packages/flask/_compat.py",
    line 33, in reraise
    raise value
  File "[VENV]/site-packages/flask/app.py",
```

```
    line 1612, in full_dispatch_request
    rv = self.dispatch_request()
  File "[VENV]/site-packages/flask/app.py",
    line 1598, in dispatch_request
    return self.view_functions[rule.endpoint](**req.view_args)
  File "app.py", line 8, in index
    return render_template("index.html", greeting=greeting)
NameError: name 'greeting' is not defined
127.0.0.1 - - [22/Feb/2017 14:35:54] "GET / HTTP/1.1" 500 -
```

这个已经挺不错了，不过你还可以以"调试模式"运行 flask，这会给你更好的错误页面和更有用的信息。使用调试模式的问题是在网上运行它并不安全，所以你需要通过显式声明启用它，如下所示：

```
(lpthw) $ export FLASK_DEBUG=1
(lpthw) $ python3.6 app.py
 * Running on http://127.0.0.1:5000/ (Press CTRL+C to quit)
 * Restarting with stat
 * Debugger is active!
 * Debugger pin code: 222-752-342
```

然后刷新浏览器，你就可以获得具有更详细信息的页面了，你可以使用这些信息来调试应用程序，通过实时控制台还能获得更多信息。

警告 为调试模式带来风险的，正是 flask 的实时调试控制台及其改进的输出。攻击者可以利用这些信息远程控制你的计算机。如果你要把 Web 应用程序放到互联网上，就不要启用调试模式。讲真话，我宁可不要这个很方便的 FLASK_DEBUG 功能。能在开发中省掉一步，似乎挺诱人的，但如果不小心把这步放到了 Web 服务器上，你就要倒大霉。而且这种错误很容易犯，哪天偷个懒或者累了脑子不清楚，你就完蛋了。

创建基本的模板文件

你已经试过用各种方法破坏这个 flask 程序，不过你有没有注意到"Hello World"并不是一个好 HTML 网页呢？这是一个 Web 应用程序，所以需要一个合适的 HTML 响应页面才对。为了达到这个目的，下一步你要做的是将"Hello World"以较大的绿色字体显示出来。

第一步是创建一个 templates/index.html 文件，内容如下。

index.html

```
<html>
    <head>
        <title>Gothons Of Planet Percal #25</title>
    </head>
```

```
<body>

{% if greeting %}
    I just wanted to say
    <em style="color: green; font-size: 2em;">{{ greeting }}</em>.
{% else %}
    <em>Hello</em>, world!
{% endif %}
</body>
</html>
```

如果你学过 HTML，这些内容看上去应该很熟悉。如果你没学过 HTML，那应该去研究一下，试着用 HTML 写几个网页，以便了解它的工作原理。不过我们这里的 HTML 文件其实是一个"模板"（template），如果你向模板提供一些参数，flask 就会在模板中找到对应的位置，将参数的内容填充到模板中。例如，每一个出现 $greeting 的位置都是传递给模版的变量，这些变量会改变模板显示的内容。

为了让 app.py 处理模板，需要写一些代码，告诉 flask 到哪里去找到模板进行加载，以及如何渲染（render）这个模板，按下面的方式修改你的 app.py。

app.py

```
1    from flask import Flask
2    from flask import render_template
3
4    app = Flask(__name__)
5
6    @app.route("/")
7    def index():
8        greeting = "Hello World"
9        return render_template("index.html", greeting=greeting)
10
11   if __name__ == "__main__":
12       app.run()
```

特别注意一下 render 这个新变量，注意我修改了 index 函数的最后一行，让它返回了 render_template()，并且将 greeting 变量作为参数传递给了这个函数。

改好上面的代码后，刷新一下浏览器中的网页，你应该会看到一条和之前不同的绿色消息输出。你还可以在浏览器中通过"查看源文件"（View Source）看到模板被渲染成了有效的 HTML 源代码。

这么讲也许有些太快了，那么我来详细解释一下模板的工作原理。

1. 最上面在 app.py 里你导入了一个叫 render_template 的新函数。
2. render_template 知道如何去 templates/ 目录加载模板 .html 文件，因为这是 flask 的默认设置。

3. 在后面的代码中，当浏览器一如既往地触发了 `def index` 以后，没有再返回 `greeting` 字符串，取而代之的是调用了 `render_template`，而且将问候语句作为一个变量传递给它。

4. 这个 `render_template` 函数加载了 `templates/index.html` 文件（尽管你没有指明是 `templates` 目录），然后对它进行了处理。

5. 在 `templates/index.html` 文件中，有一些像正常 HTML 的内容，也有一些类似代码的东西放在特殊标记中。其中一个标记是 `{% %}`，它里边放的是"可执行代码"（`if` 语句，`for` 循环之类），另一个是 `{{ }}`，里边放的是要转换为 HTML 输出文本的变量。`{% %}` 执行的代码不会显示在 HTML 中。要学习更多关于模板的知识，可以去看看 Jinja2 的文档。

要深入理解这段代码，你可以改变 `greeting` 变量和 HTML 模板的内容，看一下会有什么效果。你也可以创建另一个名为 `templates/fool.html` 的模板，并像前面那样去渲染它。

巩固练习

1. 到 http://flask.pocoo.org/docs/0.12/ 阅读里边的文档，它其实和 `flask` 是同一个项目。
2. 实验一下你在上述网站看到的所有内容，包括里边的示例代码。
3. 阅读一下与 HTML5 和 CSS3 相关的东西，自己练习着写几个 `.html` 和 `.css` 文件。
4. 如果有懂 Django 的朋友可以帮你，你可以试着使用 Django 完成一下习题 50、习题 51 和习题 52，看看结果会是什么样子的。

常见问题回答

我没法连接到 `http://localhost:5000/`。
那就试试 `http://127.0.0.1:5000/`。

我找不到 `index.html`（或者别的文件）。
很有可能是你先做了 `cd bin/` 然后才开始做项目的。不要这么做，所有的命令和指令都假设在 `bin/` 的上一层目录中，所以如果你无法运行 `python3.6 app.py`，就说明你不在正确的目录下。

为什么调用模板时要写 `greeting=greeting`？
这一句并不是赋值给 `greeting`，而是将一个命名参数传到模板中。这也算是一种赋值，但它只会在模板函数的调用中生效。

我的计算机的端口 5000 无法使用。
也许是哪个杀毒软件占用了这个端口，那就换一个端口好了。

从浏览器中获取输入

虽然看到浏览器显示"Hello World"是很让人激动的一件事情，但是如果能让用户通过表单（form）向应用程序提交文本就更让人激动了。在这个习题中，我们将使用表单改进你的 Web 应用程序，并且将用户的信息保存到他们的"会话"（session）中。

Web 的工作原理

该学点儿无趣的东西了。在创建表单前需要先多学一点关于 Web 的工作原理。这里讲的并不完整，但是相当准确，在你的程序出错时，它会帮你找到出错的原因。另外，如果你理解了表单的应用，那么创建表单对你来说就会更容易。

我将以一张简单的图开始讲起，它展示了 Web 请求的各个不同的部分，以及信息传递的大致流程。

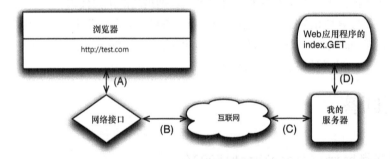

为了方便讲述 HTTP 请求的流程，我在每条线上加了字母标签。

1. 你在浏览器中输入网址 http://test.com/，然后浏览器会通过你的计算机的网络设备在线路 A 上发出请求。
2. 你的请求在线路 B 上被传送到互联网，然后再通过线路 C 抵达远程计算机，然后我的服务器将接受这个请求。
3. 我的服务器接受请求后，我的 Web 应用程序就去处理这个请求（线路 D），然后我的 Python 代码就会去运行 index.GET 这个"处理程序"（handler）。
4. 在代码返回的时候，我的 Python 服务器就会发出响应，这个响应会再通过线路 D 传递到你的浏览器。
5. 这个网站所在的服务器将获取由线路 D 发出的响应，然后通过线路 C 传至互联网。

6. 来自服务器的响应通过互联网由线路 B 传至你的计算机，计算机的网卡再通过线路 A 将响应传给你的浏览器。

7. 最后，你的浏览器显示了这个响应的内容。

这段描述中用到了一些术语，你需要掌握这些术语，以便在谈论 Web 应用程序时你能明白而且应用它们。

- **浏览器**（browser）。这是你几乎每天都会用到的软件。大部分人不知道它真正的原理，只会把它叫作"网"。它的作用其实是接收你在地址栏中输入的网址（如 http://test.com），然后使用该信息向该网址对应的服务器提出请求。

- **地址**（address）。通常这是一个像 http://test.com/一样的 URL（Uniform Resource Locator，统一资源定位器），它告诉浏览器该打开哪个网站。前面的 http 指出了你要使用的协议，这里用的是"超文本传送协议"（Hyper-Text Transport Protocol，HTTP）。你还可以试试 ftp://ibiblio.org/，这是一个"文件传送协议"（File Transport Protocol，FTP）的例子。http://test.com 这部分是"主机名"（hostname），也就是一个便于人阅读和记忆的地址，主机名会被匹配到一串叫作"IP 地址"的数字上面，这个 IP 地址就相当于网络中呼叫一台计算机的号码，通过这个号码可以访问这台计算机。最后，URL 中还可以跟随一个路径，例如 http://test.com/book/中的/book/，它对应的是服务器上的某个文件或者某些资源，通过访问这样的网址，你可以向服务器发出请求，然后获得这些资源。网站地址还有很多别的组成部分，不过上面讲的这些是最主要的。

- **连接**（connection）。一旦浏览器知道了你用的协议（http）、你想联络的服务器（http://test.com）及要从服务器上获得的资源，它就要去创建一个连接。在这个过程中，浏览器让操作系统（operating system，OS）打开计算机的一个"端口"（port）（通常是 80 端口），端口准备好以后，操作系统会回传给你的程序一个类似文件的东西，它所做的事情就是通过网络传输和接收数据，让你的计算机和 http://test.com 这个网站所属的服务器之间实现数据交流。当你使用 http://localhost:8080/访问自己的站点时，发生的事情其实是一样的，只不过这次你告诉浏览器要访问的是你自己的计算机（localhost），要使用的端口不是默认的 80，而是 8080。你还可以直接访问 http://test.com:80/，这和不输入端口效果一样，只不过是你说使用端口 80 而不是让它使用默认端口而已。

- **请求**（request）。浏览器通过你提供的地址建立了连接，现在它需要从远程服务器要到它（或你）想要的资源。如果在 URL 的结尾加了/book/，那你想要的就是/book/对应的文件或资源，大部分的服务器会直接为你调用/book/index.html 这个文件，不过我们就假装不存在好了。浏览器为了获得服务器上的资源，它需要向服务器发送一个"请求"。这里就不讲细节了，为了得到服务器上的内容，你必须先向服务器发送一个请求才行。有意思的是，"资源"不一定非要是文件。例如，当浏览器向你的应用程序提出请求的时候，服务器返回的其实是你的 Python 代码生成的一些东西。

- **服务器**（server）。服务器指的是浏览器另一端连接的计算机，它知道如何回应浏览器请求的文件和资源。大部分的 Web 服务器只要发送文件就可以了，这也是服务器流量的主要部分。不过你学的是使用 Python 构建一个服务器，这个服务器知道如何接受请求，然后返回用 Python 处理过的字符串。当使用这种处理方式时，其实是假装把文件发给了浏览器，而你用的都只是代码而已。就像你在习题 50 中看到的，要构建一个"响应"其实也不需要多少代码。

- **响应**（response）。响应就是你的服务器回复你的请求而发回至浏览器的 HTML，它里边可能有 CSS、JavaScript 或者图像等内容。以文件响应为例，服务器只要从磁盘读取文件，发送给浏览器就可以了，不过它还要将这些内容包在一个特别定义的"首部"（header）中，这样浏览器就会知道它获取的是什么类型的内容。以你的 Web 应用程序为例，你发送的其实还是一样的东西，包括首部也一样，只不过这些数据是你用 Python 代码即时生成的。

这可以算是你能在网上找到的关于浏览器如何访问网站的最快的快速课程了。这应该足以让你理解这个习题，如果你还是不明白，就到处找找资料，多多了解这方面的信息，直到道弄明白为止。有一个很好的方法就是，你对照着上面的图，将你在习题 50 中创建的 Web 应用程序的内容分成几个部分。如果你能正确地将程序的各部分对应到这张图，你就大致开始明白它的工作原理了。

表单的工作原理

熟悉"表单"最好的方法就是写一个可以接收表单数据的程序出来，然后看你可以做些什么。先将你的 app.py 修改成下面的样了。

form_test.py

```
1   from flask import Flask
2   from flask import render_template
3   from flask import request
4
5   app = Flask(__name__)
6
7   @app.route("/hello")
8   def index():
9       name = request.args.get('name', 'Nobody')
10
11      if name:
12          greeting = f"Hello, {name}"
13      else:
14          greeting = "Hello World"
15
16      return render_template("index.html", greeting=greeting)
17
```

```
18   if __name__ == "__main__":
19       app.run()
```

重启你的 Web 应用程序（按 Ctrl+C 后重新运行），确认它已运行起来，然后使用浏览器访问 `http://localhost:5000/hello`，这时浏览器应该会显示 "`I just wanted to say Hello, Nobody.`"。接下来，将浏览器中的 URL 改成 `http://localhost:5000/hello?name=Frank`，然后你可以看到页面显示为 "**Hello, Frank.**"。最后将 `name=Frank` 部分修改为你自己的名字，你就可以看到它对你说 "**Hello**" 了。

让我们研究一下你的程序里做过的修改。

1. 这里没有直接为 greeting 赋值，而是使用了 `request.args` 从浏览器获取数据。这是一个简单的字典，其中以 "键=值" 对的方式包含表单值。
2. 然后我通过新的 name 属性构建了新的 greeting，这句你应该已经熟悉了。
3. 其他的内容和以前是一样的，就不再分析了。

URL 中还可以不限定只有一个参数。将本例的 URL 改成 `http://localhost:5000/hello?name=Frank&greet=Hola`。然后修改代码，让它去获取 name 和 greet，如下所示：

```
greet = request.args.get('greet', 'Hello')
greeting = f"{greet}, {name}"
```

修改完毕后，试着将 URL 中的 greet 和 name 参数删除，只给浏览器发送 `http://localhost:5000/hello`，这时你看到的 index 默认 name 为 "Nobody"，greet 为 "Hello"。

创建 HTML 表单

在 URL 上传递参数是可以的，不过这样看上去有些丑陋，而且不方便普通人使用，你真正需要的是一个 "POST 表单"，这是一种包含了<form>标签的特殊 HTML 文件。这种表单收集用户输入的信息并将其传递给你的 Web 应用程序，这和你上面实现的目的基本是一样的。

让我们来快速创建一个，从中你可以看出它的工作原理。下面是你需要创建的新的 HTML 文件，叫 `templates/hello_form.html`。

hello_form.html

```html
<html>
    <head>
        <title>Sample Web Form</title>
    </head>
<body>

<h1>Fill Out This Form</h1>

<form action="/hello" method="POST">
```

```
         A Greeting: <input type="text" name="greet">
         <br/>
         Your Name: <input type="text" name="name">
         <br/>
         <input type="submit">
     </form>

     </body>
     </html>
```

然后将 app.py 改成下面这个样子。

app.py

```
.1   from flask import Flask
2    from flask import render_template
3    from flask import request
4
5    app = Flask(__name__)
6
7    @app.route("/hello", methods=['POST', 'GET'])
8    def index():
9        greeting = "Hello World"
10
11       if request.method == "POST":
12           name = request.form['name']
13           greet = request.form['greet']
14           greeting = f"{greet}, {name}"
15           return render_template("index.html", greeting=greeting)
16       else:
17           return render_template("hello_form.html")
18
19
20   if __name__ == "__main__":
21       app.run()
```

都写好以后，重启 Web 应用程序，然后像之前一样通过浏览器访问它。

这回你会看到一个表单，它要求你输入"一个问候语句"（A Greeting）和"你的名字"（Your Name），等你输入完之后点击"提交"（Submit）按钮，它就会输出一个正常的问候页面，不过这一次你的 URL 还是 http://localhost:5000/hello，并没有包含你提交的参数。

在 hello_form.html 文件里面关键的一行是<form action="/hello" method="POST">，它告诉你的浏览器以下内容。

1. 从表单中的各个栏位收集用户输入的数据。

2. 让浏览器使用一种 POST 类型的请求，将这些数据发送给服务器。这是另外一种浏览器请求，它会将表单栏位"隐藏"起来。

3. 将这个请求发送至/hello URL，这是在 action="/hello"部分展示的。

你可以看到两个<input>标签的名字（name）属性和代码中的变量是对应的，另外我们在 index 函数中使用的不再只是 GET 方法，还有另一个 POST 方法。这个新应用程序的工作原理如下。

1. 请求像往常一样抵达 index()，只不过这次有一个 if 语句检查 request.method，看它是 POST 还是 GET 方法。这就是浏览器告诉app.py请求究竟是表单提交还是 URL 参数的方法。

2. 如果 request.method 是 POST，那么你就去处理表单，就当表单已经填好并提交了，然后返回正确的问候语句。

3. 如果 request.method 是别的东西，那么返回 hello_form.html，让用户填充表单。

作为练习，在 templates/index.html 文件中添加一个链接，让它指回/hello，这样你就可以反复填写并提交表单查看结果。确保你可以解释清楚这个链接的工作原理，以及它是如何让你实现在 templates/index.html 和 templates/hello_form.html 之间循环跳转的，还有就是要明白你新修改过的 Python 代码，清楚在什么情况下会运行到哪一部分代码。

创建布局模板

在下一个习题中当你创建游戏时，你需要创建很多的小 HTML 页面。如果你每次都写一个完整的网页，你会很快感觉到厌烦。幸运的是，你可以创建一个"布局模板"（layout template），也就是一种提供了通用的头文件和脚注的外壳模板，你可以用它将你的所有其他网页包裹起来。好的程序员尽可能减少重复动作，所以要做一个好程序员，使用布局模板是很重要的。

将 templates/index.html 修改成下面这样。

index_laid_out.html

```
{% extends "layout.html" %}

{% block content %}

{% if greeting %}
    I just wanted to say
    <em style="color: green; font-size: 2em;">{{ greeting }}</em>.
{% else %}
    <em>Hello</em>, world!
{% endif %}
```

```
{% endblock %}
```

然后把 templates/hello_form.html 修改成下面这样。

hello_form_laid_out.html

```
{% extends "layout.html" %}

{% block content %}

<h1>Fill Out This Form</h1>

<form action="/hello" method="POST">
    A Greeting: <input type="text" name="greet">
    <br/>
    Your Name: <input type="text" name="name">
    <br/>
    <input type="submit">
</form>

{% endblock %}
```

上面这些修改的目的是将每一个页面顶部和底部的反复用到的"样板代码"代码剥掉。这些被剥掉的代码会被放到一个单独的 templates/layout.html 文件中，从此以后，这些反复用到的代码就由 templates/layout.html 来处理了。

上面的都改好以后，创建一个 templates/layout.html 文件，具体内容如下。

layout.html

```
<html>
<head>
    <title>Gothons From Planet Percal #25</title>
</head>
<body>

{% block content %}

{% endblock %}

</body>
</html>
```

这个文件和普通的模板文件类似，只是其他模板的内容将被传递给它，然后它会将其他模板的内容包裹起来。任何写在这里的内容都无须写在别的模板中。别的 HTML 模板会被插入到 {% block content %}部分。flask 知道使用这个 layout.html 作为布局，因为你在模板顶端写了{% extends "layout.html" %}。

为表单撰写自动测试代码

使用浏览器测试 Web 应用程序是很容易的，只要点刷新按钮就可以了。不过毕竟我们是程序员，如果可以写一些代码来测试我们的程序，为什么还要重复手动测试呢？接下来你要做的就是，为你的 Web 应用程序表单写一个小测试。这会用到在习题 47 中学过的一些东西，如果你不记得的话，可以回去复习一下。

创建一个 `tests/app_tests.py` 文件，内容如下。

app_tests.py

```
1  from nose.tools import *
2  from app import app
3
4  app.config['TESTING'] = True
5  web = app.test_client()
6
7  def test_index():
8      rv = web.get('/', follow_redirects=True)
9      assert_equal(rv.status_code, 404)
10
11     rv = web.get('/hello', follow_redirects=True)
12     assert_equal(rv.status_code, 200)
13     assert_in(b"Fill Out This Form", rv.data)
14
15     data = {'name': 'Zed', 'greet': 'Hola'}
16     rv = web.post('/hello', follow_redirects=True, data=data)
17     assert_in(b"Zed", rv.data)
18     assert_in(b"Hola", rv.data)
```

最后，使用 `nosetests` 运行这个测试脚本，测试你的 Web 应用程序。

```
$ nosetests
.
```

```
Ran 1 test in 0.059s

OK
```

这里我所做的就是将 `app.py` 这个模块中的整个应用程序都导入进来，然后手动运行这个 Web 应用程序。`flask` 框架有一个非常简单的 API 用来处理请求，看上去大致是下面这个样子的：

```
data = {'name': 'Zed', 'greet': 'Hola'}
rv = web.post('/hello', follow_redirects=True, data=data)
```

你可以使用 `post()` 方法发送 POST 请求,然后把表单数据作为字典传递进去。别的东西都和 `web.get()` 请求的测试一样。

在 `tests/app_tests.py` 中,我首先确保/返回了一个 `"404 Not Found"` 响应,因为这个 URL 其实是不存在的。然后我检查了 `/hello` 在 GET 和 POST 两种请求的情况下是否都能正常工作。就算你没弄明白测试的原理,这些测试代码应该也是很好读懂的。

花一些时间研究一下这个最新版的 Web 应用程序,重点研究一下自动测试的工作原理。确保你理解了将 `app.py` 作为一个模块导入,然后运行它直接进行自动测试的方法。这是一个很重要的技巧,它会引导你学到更多东西。

巩固练习

1. 阅读与 HTML 相关的更多资料,为你的表单设计一个更好的布局。你可以先在纸上画出来,然后用 HTML 去实现它。
2. 这是一道难题,试着研究一下如何进行文件上传,通过网页上传一张图像,然后将其保存到磁盘中。
3. 这是一道更难的难题,找到 HTTP RFC 文件(讲述 HTTP 工作原理的技术文件),然后尽力阅读一下。这是一个很无趣的文档,不过偶尔你会用到里边的一些知识。
4. 这又是一道难题,找人帮你设置一个 Web 服务器,如 Apache、Nginx 或者 thttpd。试着让服务器伺服一下你创建的 `.html` 和 `.css` 文件,看你是否能做到。如果失败了也没关系,Web 服务器本来就都不太好用。
5. 完成上面的任务后休息一下,然后试着尽可能多创建一些 Web 应用程序。

破坏程序

这里是弄懂如何破坏 Web 应用程序的上佳场合。你可以试试下面这些。

1. 如果打开 `FLASK_DEBUG` 设置,你可以造成多大破坏?小心操作,别把自己搞死了。
2. 假设你的表单没有默认参数,程序会发生什么错误?
3. 你检查了 POST,然后针对所有其他请求类型进行了同一操作。你可以使用 `curl` 命令行工具生成不同的请求类型。这样会发生什么呢?

创建 Web 游戏

这本书马上就要结束了。这个习题对你将是一个真正的挑战。完成这个习题之后，你就可以算是一个能力相当不错的 Python 初学者了。虽然还需要多读一些书，多写一些程序，但你已经具备进一步学习的功底了。接下来的学习就只是时间、动力及资源的问题了。

在这个习题中，我们不会去创建一款完整的游戏，相反，我们会为习题 47 中的游戏创建一个"引擎"（engine），让这款游戏能够在浏览器中运行起来。这会涉及重构习题 43 中的游戏，混合习题 47 中的结构，添加自动测试代码，最后创建一个可以运行这款游戏的 Web 引擎。

这是一个很庞大的习题。预计你要花一周到一个月才能完成。最好的方法是一点一点来，每晚完成一点，在进行下一步之前确保上一步已经正确完成。

重构习题 43 中的游戏

你已经在两个习题中修改了 gothonweb 项目，这个习题中会再修改一次。你学习的这种修改的技术叫"重构"，或者用我喜欢的讲法来说，叫"修理"。重构是一个编程术语，它指的是清理旧代码或者为旧代码添加新功能的过程。你其实已经做过这样的事情了，只不过不知道这个术语而已。重构是软件开发中经历的最习以为常的事情。

在这个习题中你要做的是将习题 47 中的可以测试的房间地图和习题 43 中的游戏这两样东西组合到一起，创建一个新的游戏结构。游戏的内容不会发生变化，只不过我们会通过"重构"让它有一个更好的结构而已。

第一步是将 ex47/game.py 的代码复制到 gothonweb/planisphere.py 中，然后将 tests/ex47_tests.py 的代码复制到 tests/planisphere_tests.py 中，然后再次运行 nosetests，确保它们还能正常工作。"planisphere"只是"map"的同义词而已，使用它只是为了避开 Python 内置的 map 函数。同义词词典是很好的朋友。

警告 从现在开始，我不会再展示运行测试的输出了，我假设你会去运行这些测试，而且知道什么样的输出是正确的。

将习题 47 的代码复制完毕后，就该开始重构它，让它包含习题 43 中的地图了。我一开始会把基本结构为你准备好，然后你需要去完成 planisphere.py 和 planisphere_tests.py 里边的内容。

首先要做的是用 Room 这个类来构建地图的基本结构。

```
1    class Room(object):
2
3        def __init__(self, name, description):
4            self.name = name
5            self.description = description
6            self.paths = {}
7
8        def go(self, direction):
9            return self.paths.get(direction, None)
10
11        def add_paths(self, paths):
12            self.paths.update(paths)
13
14
15   central_corridor = Room("Central Corridor",
16   """
17   The Gothons of Planet Percal #25 have invaded your ship and destroyed
18   your entire crew.  You are the last surviving member and your last
19   mission is to get the neutron destruct bomb from the Weapons Armory,
20   put it in the bridge, and blow the ship up after getting into an
21   escape pod.
22   You're running down the central corridor to the Weapons Armory when
23   a Gothon jumps out, red scaly skin, dark grimy teeth, and evil clown costume
24   flowing around his hate filled body.  He's blocking the door to the
25   Armory and about to pull a weapon to blast you.
26   """)
27
28
29   laser_weapon_armory = Room("Laser Weapon Armory",
30   """
31   Lucky for you they made you learn Gothon insults in the academy.
32   You tell the one Gothon joke you know: Lbhe zbgure vf fb sng,
33   jura fur fvgf nebhaq gur ubhfr, fur fvgf nebhaq gur ubhfr.
34   The Gothon stops, tries not to laugh, then busts out laughing and can't move.
35   While he's laughing you run up and shoot him square in the head
36   putting him down, then jump through the Weapon Armory door.
37   You do a dive roll into the Weapon Armory, crouch and scan the room
38   for more Gothons that might be hiding.  It's dead quiet, too quiet.
39   You stand up and run to the far side of the room and find the
40   neutron bomb in its container.  There's a keypad lock on the box
41   and you need the code to get the bomb out.  If you get the code
42   wrong 10 times then the lock closes forever and you can't
43   get the bomb.  The code is 3 digits.
44   """)
45
```

```
46
47    the_bridge = Room("The Bridge",
48    """
49    The container clicks open and the seal breaks, letting gas out.
50    You grab the neutron bomb and run as fast as you can to the
51    bridge where you must place it in the right spot.
52    You burst onto the Bridge with the neutron destruct bomb
53    under your arm and surprise 5 Gothons who are trying to
54    take control of the ship.  Each of them has an even uglier
55    clown costume than the last.  They haven't pulled their
56    weapons out yet, as they see the active bomb under your
57    arm and don't want to set it off.
58    """)
59
60
61    escape_pod = Room("Escape Pod",
62    """
63    You point your blaster at the bomb under your arm
64    and the Gothons put their hands up and start to sweat.
65    You inch backward to the door, open it, and then carefully
66    place the bomb on the floor, pointing your blaster at it.
67    You then jump back through the door, punch the close button
68    and blast the lock so the Gothons can't get out.
69    Now that the bomb is placed you run to the escape pod to
70    get off this tin can.
71    You rush through the ship desperately trying to make it to
72    the escape pod before the whole ship explodes.  It seems like
73    hardly any Gothons are on the ship, so your run is clear of
74    interference.  You get to the chamber with the escape pods, and
75    now need to pick one to take.  Some of them could be damaged
76    but you don't have time to look.  There's 5 pods, which one
77    do you take?
78    """)
79
80
81    the_end_winner = Room("The End",
82    """
83    You jump into pod 2 and hit the eject button.
84    The pod easily slides out into space heading to
85    the planet below.  As it flies to the planet, you look
86    back and see your ship implode then explode like a
87    bright star, taking out the Gothon ship at the same
88    time.  You won!
89    """)
90
91
92    the_end_loser = Room("The End",
```

```
93   """
94   You jump into a random pod and hit the eject button.
95   The pod escapes out into the void of space, then
96   implodes as the hull ruptures, crushing your body
97   into jam jelly.
98   """
99   )
100
101  escape_pod.add_paths({
102      '2': the_end_winner,
103      '*': the_end_loser
104  })
105
106  generic_death = Room("death", "You died.")
107
108  the_bridge.add_paths({
109      'throw the bomb': generic_death,
110      'slowly place the bomb': escape_pod
111  })
112
113  laser_weapon_armory.add_paths({
114      '0132': the_bridge,
115      '*': generic_death
116  })
117
118  central_corridor.add_paths({
119      'shoot!': generic_death,
120      'dodge!': generic_death,
121      'tell a joke': laser_weapon_armory
122  })
123
124  START = 'central_corridor'
125
126  def load_room(name):
127      """
128      There is a potential security problem here.
129      Who gets to set name? Can that expose a variable?
130      """
131      return globals().get(name)
132
133  def name_room(room):
134      """
135      Same possible security problem.  Can you trust room?
136      What's a better solution than this globals lookup?
137      """
138      for key, value in globals().items():
139          if value == room:
```

140　　　　　　　**return** key

你会发现这个 Room 类和地图有一些问题。

1. 我们必须把以前放在 `if-else` 子句中并在进入房间之前打印出的文本描述做成每个房间的一部分。这样房间的次序就不会被打乱了，这对我们的游戏是一件好事。这是你后面要修改的东西。
2. 原始游戏中我们使用了专门的代码来生成一些内容，如炸弹的激活键码、舰舱的选择等，这次我们做游戏时就先使用默认值好了，不过后面的巩固练习里，我会要求你把这些功能再加到游戏中。
3. 我为游戏中所有错误决策的失败结尾写了一个 `generic_death`，你需要去补全这个函数。你需要把原始游戏中所有的场景结局都加进去，并确保代码能正确运行。
4. 我添加了一种新的转换模式，以 "`*`" 为标记，用来在游戏引擎中实现 "捕获所有操作" 的功能。

把上面的代码基本写好以后，接下来就是你必须继续写的自动测试 tests/planisphere_test.py 了。

planisphere_tests.py

```
1    from nose.tools import *
2    from gothonweb.planisphere import *
3
4    def test_room():
5        gold = Room("GoldRoom",
6                    """This room has gold in it you can grab. There's a
7                    door to the north.""")
8        assert_equal(gold.name, "GoldRoom")
9        assert_equal(gold.paths, {})
10
11   def test_room_paths():
12       center = Room("Center", "Test room in the center.")
13       north = Room("North", "Test room in the north.")
14       south = Room("South", "Test room in the south.")
15
16       center.add_paths({'north': north, 'south': south})
17       assert_equal(center.go('north'), north)
18       assert_equal(center.go('south'), south)
19
20   def test_map():
21       start = Room("Start", "You can go west and down a hole.")
22       west = Room("Trees", "There are trees here, you can go east.")
23       down = Room("Dungeon", "It's dark down here, you can go up.")
24
25       start.add_paths({'west': west, 'down': down})
```

```
26          west.add_paths({'east': start})
27          down.add_paths({'up': start})
28
29          assert_equal(start.go('west'), west)
30          assert_equal(start.go('west').go('east'), start)
31          assert_equal(start.go('down').go('up'), start)
32
33      def test_gothon_game_map():
34          start_room = load_room(START)
35          assert_equal(start_room.go('shoot!'), generic_death)
36          assert_equal(start_room.go('dodge!'), generic_death)
37
38          room = start_room.go('tell a joke')
39          assert_equal(room, laser_weapon_armory)
```

你在这个习题中的任务是完成地图，并且让自动测试可以完整地检查整个地图。这包括将所有的 generic_death 对象修正为游戏中实际的失败结尾。让你的代码成功运行起来，并让你的测试越全面越好，因为后面我们会对地图做一些修改，到时候这些测试将用来确保修改后的代码还可以正常工作。

创建引擎

你应该已经写好了游戏地图和它的单元测试代码。现在要你制作一个简单的游戏引擎，用来让游戏中的各个房间运转起来，从玩家收集输入，并且记住玩家所在的位置。我们将用到你刚学过的会话来制作一个简单的引擎，让它可以完成以下几件事。

1. 为新用户启动新的游戏。
2. 将房间展示给用户。
3. 接收用户的输入。
4. 在游戏中处理用户的输入。
5. 显示游戏的结果，继续游戏，直到用户角色死亡为止。

为了创建这个引擎，你需要将 app.py 搬过来，创建一个功能完备的、基于会话的游戏引擎。这里的难点是，我会先使用基本的 HTML 文件创建一个非常简单的版本，接下来将由你完成它。基本的引擎是下面这个样子的。

app.py

```
1   from flask import Flask, session, redirect, url_for, escape, request
2   from flask import render_template
3   from gothonweb import planisphere
4
5   app = Flask(__name__)
```

```
6
7    @app.route("/")
8    def index():
9        # this is used to "setup" the session with starting values
10       session['room_name'] = planisphere.START
11       return redirect(url_for("game"))
12
13   @app.route("/game", methods=['GET', 'POST'])
14   def game():
15       room_name = session.get('room_name')
16
17       if request.method == "GET":
18           if room_name:
19               room = planisphere.load_room(room_name)
20               return render_template("show_room.html", room=room)
21           else:
22               # why is there here? do you need it?'
23               return render_template("you_died.html")
24       else:
25           action = request.form.get('action')
26
27           if room_name and action:
28               room = planisphere.load_room(room_name)
29               next_room = room.go(action)
30
31               if not next_room:
32                   session['room_name'] = planisphere.name_room(room)
33               else:
34                   session['room_name'] = planisphere.name_room(next_room)
35
36           return redirect(url_for("game"))
37
38
39   # YOU SHOULD CHANGE THIS IF YOU PUT ON THE INTERNET
40   app.secret_key = 'A0Zr98j/3yX R~XHH!jmN]LWX/,?RT'
41
42   if __name__ == "__main__":
43       app.run()
```

在这个脚本里你可以看到更多的新东西，不过了不起的事情是，整个基于网页的游戏引擎在一个小文件就做到了。在运行 app.py 之前，你需要修改 PYTHONPATH 环境变量。不知道什么是环境变量？我知道这样很笨拙，但是要运行一个最基本的 Python 程序，你就得学会环境变量，用 Python 的人就喜欢这样。

在终端输入下面的内容：

```
export PYTHONPATH=$PYTHONPATH:.
```

如果用的是 Windows，就在 PowerShell 中输入下面的内容：

```
$env:PYTHONPATH = "$env:PYTHONPATH;."
```

你只要针对每一个 shell 会话输入一次就可以了，不过如果你运行 Python 代码时看到了导入错误，那就需要去执行一下上面的命令，或者是因为你上次执行的有错才导致导入错误的。

接下来需要删掉 templates/hello_form.html 和 templates/index.html，然后重新创建上面代码中提到的两个模板。下面是一个非常简单的 templates/show_room. html，供你参考。

show_room.html

```
{% extends "layout.html" %}

{% block content %}

<h1> {{ room.name }}  </h1>

<pre>
{{ room.description }}
</pre>

{% if room.name in ["death", "The End"] %}
    <p><a href="/">Play Again?</a></p>
{% else %}
    <p>
    <form action="/game" method="POST">
        - <input type="text" name="action"> <input type="SUBMIT">
    </form>
    </p>
{% endif %}


{% endblock %}
```

这就是用来显示游戏中的房间的模板。接下来，你需要在用户跑到地图的边界时，用一个模板告诉用户，他的角色的死亡信息，也就是 templates/you_died.html 这个模板。

you_died.html

```
<h1>You Died!</h1>

<p>Looks like you bit the dust.</p>
<p><a href="/">Play Again</a></p>
```

准备好这些文件就可以做下面的事情了。

1. 再次运行测试代码 `tests/app_tests.py`，这样就可以测试这个游戏。由于会话的存在，你可能顶多只能实现几次点击，不过你应该可以做出一些基本的测试来。
2. 运行 `python3.6 app.py` 脚本，试玩一下这款游戏。

你需要和往常一样刷新和修正你的游戏，慢慢修改游戏的 HTML 文件和引擎，直到实现游戏需要的所有功能为止。

期末考试

你有没有觉得我一下子给了你超多的信息呢？那就对了，我想要你在学习技能的同时有一些可以用来鼓捣的东西。为了完成这个习题，我将给你最后一套需要你自己完成的任务。你会注意到，到目前为止你写的游戏并不是很好，这只是你的第一版代码而已，你现在的任务就是让游戏更加完善，实现下面的这些功能。

1. 修正代码中我提到和没提到的所有 bug，如果你发现了新 bug，你可以告诉我。
2. 改进所有的自动测试，以便可以测试更多的内容，直到你可以使用测试而不是使用浏览器检查这个应用程序为止。
3. 让 HTML 页面看上去更美观一些。
4. 研究一下网页登录系统，为这个应用程序创建一个登录系统，这样人们就可以登录这个游戏，并且可以保存游戏高分。
5. 完成游戏地图，尽可能把游戏做大，功能做全。
6. 给用户一个"帮助系统"，让他们可以查询每个房间里可以做哪些事情。
7. 为游戏添加新功能，想到什么功能就添加什么功能。
8. 创建多个地图，让用户可以选择他们想要玩的一张地图来进行游戏。你的 `app.py` 应该可以运行提供给它的任意房间的地图，这样你的引擎就可以支持多个不同的游戏。
9. 最后，使用在习题 48 和习题 49 中学到的东西创建一个更好的输入处理器。你手头已经有了大部分必要的代码，只需要改进语法，让它和你的输入表单以及游戏引擎挂钩即可。

祝你好运！

常见问题回答

我在游戏中用了会话（`session`），不能用 `nosetests` 测试。

你需要阅读 Flask 测试文档，找到其中的"Other Testing Trick"，看看如何在测试中伪造会话。

我看到了 ImportError。

可能的原因很多，错误路径，错误 Python 版本，PYTHONPATH 没设置，漏了 __init__.py 文件，拼写错误，都检查一下。

接下来的路

现在还不能说你是一名程序员。这本书的目的相当于给你一个"编程黑带"认证。你已经了解了足够的编程基础知识，并且有能力阅读别的编程书籍了。读完这本书，你应该已经掌握了一些学习的方法，并且具备了该有的学习态度，这样你在阅读其他 Python 书籍时也许会更顺利，而且能学到更多东西。

建议你看看下面这些项目，并试着用它们实现一些东西。

- 《"笨办法"学 Ruby》：学的编程语言越多，了解的编程知识也就越多，所以试着学习一下 Ruby 吧。
- *The Django Tutorial*：试着用 Django Web 框架创建一个 Web 应用程序。
- SciPy：如果你对科学、数学和工程学感兴趣可以看看。
- PyGame：看看能不能写出一个带图形界面和声音的游戏出来。
- Pandas：用来做数据操纵和分析。
- Natural Language Tool Kit：用来分析文本，以及实现垃圾邮件过滤和自动聊天机器人这样的软件。
- TensorFlow：用来做机器学习和可视化。
- Requests：学习一下 HTTP 用户端以及 Web 知识。
- ScraPy：爬取网站内容。
- Kivy：创建桌面和移动平台的用户界面。
- 《"笨办法"学 C 语言》：等你熟悉 Python 后试着用我写的其他书学习 C 和算法。慢慢来，C 是一门不同的语言，很值得学习。

选择前面提到的一个项目，通读它的文档和简易教程。在阅读过程中将文档中的代码自己录入一遍，并让它们正常运行。我是通过这样的方法学习的，其实每个程序员都是这么学的。读完教程和文档以后，试着写点儿东西出来。写什么都行，哪怕是别人写过的也可以，只要做出来东西就可以了。

你一开始写的东西可能很差，不过这没有关系。我在初学一种新的编程语言时也是很差的。没有哪个初学者能写出完美的代码来，如果有人告诉你他有这本事，那他只是在厚着脸皮撒谎而已。

怎样学习任何一种编程语言

我将教你怎样学习任何一种你将来可能要学习的编程语言。本书的章节是基于我和很多程序员学习编程的经历组织的，下面是我通常遵循的流程。

1. 找到关于这种编程语言的书或介绍性读物。
2. 通读这本书，把里边的代码都录入一遍并使其运行起来。
3. 一边读书一边写代码，同时做好笔记。
4. 使用这种编程语言实现一些你用另一种熟悉的编程语言做过的程序组件。
5. 阅读别人用这种编程语言编写的代码，试着仿照他们的方式编写代码。

在本书里，我强制要求你慢慢地一点一点地完成了这个过程。别的书不是用这种方法写的，那就需要你把我教你的方法套用在这些书上。最好的办法是先快速过一下书中的内容，将里边的主要代码片段列出来，将这份列表变成一系列基于习题的章节，然后按照次序一一完成。

以上流程对学习新技术也适用，只要你有一本相关的书，就能把它转换成这种练习模式。对于没有书的学习内容来说，你可以使用网上的教程或者源代码作为你的入门资料。

每学一种新的编程语言，你就会成长为一个更好的程序员。你学的编程语言越多，它们就会变得越容易学习。当你学到第三种或者第四种编程语言的时候，你就应该能够在一周内学会一门类似的编程语言了，不过对于一些特别的编程语言来说你可能还是要花较长的时间。你现在学了 Python，接下来学习 Ruby 和 JavaScript 就应该比较快了。这是因为很多编程语言有着共同的理念，你只要学了其中一种，就能用在别的编程语言上。

关于学习新编程语言的最后一件要记住的事情就是：别当一个"蠢游客"。"蠢游客"就是那种去了一个国家旅游，然后回来抱怨那儿的饭不好吃的人。"为什么这个白痴国家连汉堡都买不到？"当你学习一种新编程语言时，不要假设它的工作方式太蠢，它只是不同而已，只有接受它你才能学会它。

不过，在学完一种编程语言后，不要成为这种编程语言工作方式的奴隶。有时你能看到有人使用一种编程语言做一些很白痴的事情，没有别的理由，只不过是"我以前一直就是这样做的"。如果你喜欢一种风格，而你又知道大家的做法和你不同，如果你看到后者能带来好处，那就毫不犹豫地打破自己的习惯吧。

我个人是很喜欢学习新编程语言的。我把自己当成一个"程序员人类学家"，我认为一种编程语言反映了一群使用它的程序员的一些独到见解。我学习的是他们用计算机互相交流时使用的语言，这对我来说非常有趣。不过话说回来，我这个人还是有点儿古怪的，所以对于新编程语言，你只要想学就学就行了。

好好享受吧！真的很有趣。

老程序员的建议

你已经完成了这本书并且打算继续编程。也许这会成为你的职业，也许你只是作为业余爱好玩玩而已。无论如何，你都需要一些建议以确保你在正确的道路上继续前行，并且让这项新的爱好最大程度为你带来享受。

我编程已经太长时间，长到对我来说编程已经是非常乏味的事情了。写这本书的时候，我已经懂大约 20 种编程语言，而且可以在大约一天或者一个星期内学会一种编程语言（取决于这种编程语言有多古怪）。现在对我来说，编程这件事情已经很无聊，已经谈不上什么兴趣了。当然这不是说编程本身是一件无聊的事情，也不是说你以后也一定会这样觉得，这只是我个人当前的感觉而已。

这么久的旅程下来，我的体会是：编程语言这东西并不重要，重要的是你用这些编程语言做的事情。事实上，我一直很清楚这一点，不过以前我会周期性地被各种编程语言分神而忘记了这一点。现在我是永远不会忘记这一点了，你也不应该忘记这一点。

你学的和用的编程语言并不重要。你不要被围绕某一种编程语言的"宗教"扯进去，这只会让你忘掉编程语言的真正目的——作为你的工具来做有趣的事情。

编程作为一项智力活动，是唯一一种能让你创建交互式艺术的艺术形式。你可以创建项目让别人使用，而且可以间接地和使用者沟通。没有其他的艺术形式能做到如此程度的交互性。电影引领观众走向一个方向，绘画是不会动的，而代码却是双向互动的。

编程作为一种职业只是一般有趣而已。编程可能是一份好工作，但如果你想赚更多的钱而且过得更快乐，其实开一间快餐加盟店就可以了。你最好的选择是将自己的编程技术作为自己的其他职业的秘密武器。

技术公司里会编程的人多到一毛钱一打，根本得不到什么尊敬。而在生物学、医药学、政府部门、社会学、物理学、数学等行业领域从事编程工作的人就能得到足够的尊敬，而且你可以使用这项技能在这些领域做出令人惊叹的成就。

当然，所有的这些建议都是无关紧要的。如果你跟着这本书学写软件而且觉得很喜欢这件事情的话，那你完全可以将其当作一种职业去追求。你应该继续深入拓展这个近 50 年来极少有人探索过的奇异而美妙的智力工作领域。若能从中得到乐趣当然就更好了。

最后我要说的是，学习创造软件的过程会改变你，让你与众不同。不是说更好了或更坏了，只是不同了。你也许会发现，因为你会写软件人们对你的态度有些奇怪，也许会用"怪人"这样的词来形容你。也许你会发现，因为你会戳穿他们的逻辑漏洞而让他们开始讨厌与你争辩。甚至你可能会发现，有人因为你懂计算机怎么工作而认为你是个讨厌的怪人。

对于这些我只有一个建议：让他们去死吧。这个世界需要更多的怪人，他们知道某样东西是怎么工作的而且喜欢找到答案。当有人那样对你时，只要记住这是你的旅程，不是他们的。"与众不同"不是谁的错，告诉你"与众不同是一种错"的人只是嫉妒你掌握了他们做梦都想不到的技能而已。

　　你会编程。他们不会。太酷了。

命令行快速入门

这个附录是一个超快的命令行入门，你可以在一两天内读完这部分内容，这里不会教你命令行的高级应用。

简介：废话少说，命令行来也

这个附录会教你如何使用命令行来让你的计算机完成一些任务。作为一个快速入门，它的详细程度和我写的别的教程自然无法相比。它只是为了让你拥有基本足够的能力，从而可以开始像真正的程序员一样使用计算机。读完这个附录以后，你将学会命令行使用者每天接触的大部分基本命令，而且你将能基本理解目录以及一些别的概念。

我给你的唯一一个建议是：**废话少说，动手把这些都录入进去。**

话是刻薄了点儿，但这就是你需要做的。如果你对命令行有一种非理性的恐惧，克服恐惧的唯一办法就是废话少说，和它斗到底。

你不会把自己的计算机弄坏。你不会被抓起来关到微软总部的底下秘密监牢里。你的朋友不会笑话你是个计算机呆子。所有那些害怕命令行的理由，你都忽略掉吧。

为什么呢？因为如果要学习编程，你就必须学习命令行。编程语言是控制计算机的进阶方式，命令行则算是编程语言的小弟。一旦越过这道坎，你就可以继续学习编程，并且你会感觉到，你买的这台沉甸甸的机器总算真正属于你了。

如何使用这个附录

最好的办法是照下面的方法来做。

- 准备一个小笔记本和一支笔。
- 按照书中的方法完成每一个练习。
- 遇到不懂的或者无法理解的东西，就把它记录在笔记本上，并在问题的下面留一小块空白，以供日后写出答。
- 完成一个练习后，过一遍你在笔记本中记录的问题。先试着通过网上搜索的方法解决你的问题，或者问一下懂的朋友也可以。你也可以写邮件给我（help@learncodethehardway.org），我也可以帮你。

在做每一个练习的过程中都重复上述步骤，记录你遇到的问题，然后回头尝试回答自己的问题。等你完成之后，你对命令行的了解将大大超过自己的预期。

你需要记一些东西

在一切开始之前先提醒你一下，我会马上让你开始记一些东西。这是让你上手的最快方法。对某些人来说，记东西是很痛苦的一件事情。这就需要你披荆斩棘，坚持到底。学东西的时候记是一个很重要的技能，所以你要克服自己的恐惧。

现在告诉你怎样记东西。

- 告诉自己你一定会去做。不要试图去找技巧或者小窍门什么的，安心去做这件事就好了。
- 把你要记的东西写在索引卡上。要学的东西写在一面，答案写在另一面。
- 每天花 15～30 分钟，专心学习你的索引卡，试着把每一张都记住。把你没记住的卡片单独放一摞，没事干的时候就专门学习一下。最后把所有卡放一整摞，测验一下自己提高了多少。
- 晚上睡觉前花 5 分钟学习一下自己答错的卡片。

还有一些别的记忆技巧，比如你可以把要记的东西写在一张纸上，然后贴在浴室的墙上。当你洗澡的时候，你可以试着不看答案回想你的学习内容，如果在哪里卡住了，你可以瞄一眼答案刷新一下记忆。

如果每天都照着上面的步骤做，你应该在一周或者最多一个月的时间内记住这些东西。一旦记忆的工作完成了，其他的一切就更容易了，这也是记的目的。记不是为了让你理解抽象概念，而是让你把细节印在大脑里，下次遇到时就不用去想它了。一旦你记住了这些基础知识，它们就不再会是你学习更高级的抽象概念的阻碍了。

练习 1　准备工作

这个附录将带领你做以下 3 件事情。

- 在你的 shell（命令行、Terminal 或者 PowerShell）上写一些东西。
- 弄懂你刚写的东西。
- 自己再多写一些东西。

对于这个练习，你的目的是打开自己的终端并确认它能正常工作，以便继续学习下去。

任务

准备好你的 Terminal、shell 或 PowerShell，设置好，以便快速访问，知道它在工作。

macOS

对于 macOS 你要做的具体如下。

- 按住 command 键，同时敲空格键。
- 右上方会跳出"搜索栏"。
- 键入"Terminal"。
- 点击长得像一个黑盒子的 Terminal 应用程序。
- 这样 Terminal 就打开了。
- 你可以按着 Ctrl 键点击 dock，拉出菜单，然后在打开的菜单中选择"Options→Keep In Dock"。

这样你就打开了 Terminal，而且处在 dock 里，以便你可以快速访问。

Linux

如果你已经在使用 Linux，那我就可以假设你已经知道如何找到 Terminal 了。在你的窗口管理器（window manager）里搜寻名字像"Shell"或者"Terminal"的东西就可以了。

Windows

Windows 下我们将使用 PowerShell。人们以前用的是一个叫 `cmd.exe` 的程序，不过和 PowerShell 比起来它的可用性差很多。如果你用的是 Windows 7 及以上版本的系统，就照下面的做。

- 点击 Windows 的"开始"菜单。
- 在搜索框中键入"powershell"。
- 敲回车键。

如果你装的不是 Windows 7，那应该认真考虑一下升级事宜。如果你实在不想升级，那就试着从微软公司的下载中心安装一下 PowerShell 吧。在线搜索，找到"powershell downloads"。这得靠你自己了，因为我没有装 Windows XP，写不出安装流程来，不过希望 Windows XP 下的 PowerShell 的使用体验也是一样的。

知识点

你学会了如何打开你的终端，这是继续这个附录所必需的。

警告 如果你有一个挺聪明而且懂 Linux 的朋友，在他让你用 bash 之外的 shell 时，那你应该忽略他的建议。我教你的是 bash，就是这样。他们会说 zsh 会让你的 IQ 长 30 个点，并且让你在股票市场上赚得百万，别理他就是了。你的目标只是学会足够的技能，在你这个技能等级上，使用哪个 shell 其实不会影响什么。还要警告你的就是，躲开 IRC 以及那些"黑客"常去的地方。他们会教你一些破坏你的计算机的命令并以此为乐。例如，这条经典的命令 rm -rf /，千万别输这条命令！离他们远点，如果你需要帮助，就找你能信任的人，别去网上随便找。

更多任务

这个练习有一个很大的"更多任务"部分。其他练习没这么多的额外任务要做，我只是要让你通过记忆的方式向自己灌输这个附录的其余知识。相信我，这会让你后面的学习变得非常顺畅。

Linux/macOS

用索引卡片写下列出来的所有命令，一张卡片写一条，正面写下命令的名字，背面写下命令的定义。每天一边学习一边继续这个附录的后续内容。

- **pwd**：打印工作目录。
- **hostname**：计算机在网络中的名称。
- **mkdir**：创建目录。
- **cd**：更改目录。
- **ls**：列出目录中的内容。
- **rmdir**：删除目录。
- **pushd**：推入目录。
- **popd**：弹出目录。
- **cp**：复制文件或目录。
- **mv**：移动文件或目录。
- **less**：逐页查看文件。
- **cat**：打印整个文件。
- **xargs**：执行参数。
- **find**：寻找文件。
- **grep**：在文件中查找内容。
- **man**：阅读手册。
- **apropos**：寻找恰当的手册页面。
- **env**：查看你的环境。
- **echo**：打印一些参数。

- **export**：导出/设定一个新的环境变量。
- **exit**：退出 shell。
- **sudo**：成为超级用户 root，危险命令！

Windows

如果你用的是 Windows，下面是你要学习的命令。

- **pwd**：打印工作目录。
- **hostname**：计算机在网络中的名称。
- **mkdir**：创建目录。
- **cd**：更改目录。
- **ls**：列出目录中的内容。
- **rmdir**：删除目录。
- **pushd**：推送目录。
- **popd**：弹出目录。
- **cp**：复制文件或目录。
- **robocopy**：更可靠的复制命令。
- **mv**：移动文件或目录。
- **more**：逐页查看文件。
- **type**：打印整个文件。
- **forfiles**：在一大堆文件上面运行一条命令。
- **dir -r**：寻找文件。
- **select-string**：在文件中查找内容。
- **help**：阅读手册。
- **helpctr**：寻找恰当的手册页面。
- **echo**：打印一些参数。
- **set**：导出/设定一个新的环境变量。
- **exit**：退出 shell。
- **runas**：成为超级用户 root，危险命令！

不停地练习，直到你能做到：看到一条命令，就能立即说出它的功能；反过来也能说出实现每个功能所需的命令。通过这样的方式你可以为自己建立术语表，不过如果你觉得烦，也别强迫自己在上面花太多时间。

练习 2　路径、文件夹和目录（**pwd**）

这个练习将让你学会如何使用 **pwd** 命令来打印你的工作目录。

任务

接下来我要教你如何阅读我展示给你的这些终端"会话"。你不需要将这里列出的所有的东西都键入终端，只要键入其中的一部分内容而已。

- 你不需要键入$（Unix）或者>（Windows），它们只是命令行终端会话的一个标记。
- 写完$或者>后面的内容后需要敲回车键。所以，如果你看到了$ pwd，就需要键入 pwd 再敲一次回车键。
- 你可以看到输出的内容的后面也有一个$或者>提示。这些是输出内容，你的输出内容和我的应该是一样的。

让我们先试一个命令，看看你有没有弄明白。

练习 2　Linux/macOS 会话

```
$ pwd
/Users/zedshaw
$
```

练习 2　Windows 会话

```
PS C:\Users\zed> pwd

Path
----
C:\Users\zed

PS C:\Users\zed>
```

> **警告**　为了节省空间同时让你将精力集中在重要的命令细节上面，本附录将把命令行一开始的部分（如上面的 PS C:\Users\zed）省略掉，只留下一个小小的>部分。这意味着，你的命令行和这里看到的会有一点儿不同，不过这是正常的，你无须担心。记住，从现在开始，我只通过>来告诉你这是一个命令行提示符。对于 Unix 命令行提示符也一样，不过 Unix 有点儿不一样，人们习惯使用$来表示命令提示符。

知识点

你的命令行和我的看上去不一样，你的可能在$前面显示了你的用户名以及计算机名。Windows 下看上去也会不一样，不过关键的基本格式都是下面这样的。

- 有一个命令提示符。

- 键入一条命令，如这里的 pwd。
- 显示一些输出。
- 重复上述步骤。

你正好还学会了 pwd 的功能，它的意思是"打印工作目录"。目录是什么东西？就是文件夹。文件夹和目录是同一个东西，这两个词可以互相替换。如果你打开文件浏览器，通过图形界面寻找文件，那你就是在访问文件夹。这些文件夹和我们后面要用到的目录完全是一回事儿。

更多任务

- 键入 20 次 pwd，每次键入都念一遍 "print working directory"。
- 记下命令行打印的路径，用你的文件浏览器找到这个位置。
- 我不是开玩笑。写 20 遍，并且朗读出来。别抱怨了，照我说的做。

练习 3　如果你迷失了

在学习的过程中，你也许会迷失在命令行里。你也许不知道自己所处的位置或者某个文件的位置，然后就不知道接下来怎么做。为了解决这个问题，我将教你键入一个不迷失的命令。

迷失的原因通常是你键入了一些命令，然后就不知道自己最后跑到哪个目录下了。这时你应该做的是键入 pwd 打印出你的当前目录，然后你就知道自己的位置了。

接下来你需要一个回到安全位置（也就是你的 home 目录）的方法。很简单，键入 cd ~ 就可以了。

也就是说，如果你迷失了，就键入：

```
pwd
cd ~
```

第一个命令 pwd 告诉你你当前所处的位置，第二个命令 cd ~将你带回 home 目录。

任务

使用 pwd 和 cd ~弄清楚自己所处的位置，然后回到 home 目录。确保自己总在正确的目录里。

知识点

你学会了在迷路后怎样回家。

练习 4　创建目录（`mkdir`）

这个练习将让你学会怎样使用 `mkdir` 命令来创建新目录（文件夹）。

任务

记住：你需要先回到 home 目录！执行 pwd 命令，然后在做这个练习之前用 cd ~回到 home 目录。在做这个附录的所有练习之前都要先回到 home 目录。

练习 4　Linux/macOS 会话

```
$ pwd
s cd~
$ mkdir temp
$ mkdir temp/stuff
$ mkdir temp/stuff/things
$ mkdir -p temp/stuff/things/orange/apple/pear/grape
$
```

练习 4　Windows 会话

```
> pwd
> cd~
> mkdir temp


    Directory: C:\Users\zed


Mode                LastWriteTime      Length Name
----                -------------      ------ ----
d----          12/17/2011   9:02 AM           temp


> mkdir temp/stuff


    Directory: C:\Users\zed\temp
```

```
Mode                  LastWriteTime          Length Name
----                  -------------          ------ ----
d----         12/17/2011     9:02 AM                stuff


> mkdir temp/stuff/things

    Directory: C:\Users\zed\temp\stuff

Mode                  LastWriteTime          Length Name
----                  -------------          ------ ----
d----         12/17/2011     9:03 AM                things


> mkdir temp/stuff/things/orange/apple/pear/grape

    Directory: C:\Users\zed\temp\stuff\things\orange\apple\pear


Mode                  LastWriteTime          Length Name
----                  -------------          ------ ----
d----         12/17/2011     9:03 AM                grape


>
```

这是我唯一一次列出了 `pwd` 和 `cd ~`命令。它们在每个练习中都应出现。

知识点

现在我们键入了好几条命令。这些命令是使用 `mkdir` 的不同方法。`mkdir` 的功能是什么呢？它是用来创建目录（make directory）的。不该问这个问题吧？你应该已经通过索引卡记住这些了才对。如果不知道这一条，就说明你需要继续在索引卡上下功夫。

创建目录是什么意思？目录又可以叫作"文件夹"，它们是一回事儿。你上面所做的是在逐层深入地创建目录，目录有时又叫"路径"，这里相当于是说"先到 temp，再到 stuff，然后到 things，这就是我要到的地方。"这是给计算机发出的一系列方向，告诉计算机你想要把某个东西放到计算机硬盘的某个文件夹（目录）里。

警告　本附录中我使用斜杠（/）来表示路径，因为所有的计算机都是这么做的。不过，Windows 用户应该知道，反斜杠（\）也可以实现同样的功能，别的 Windows 用户可能认为这才是正常的用法。

更多任务

- 在这里你可能觉得路径的概念还是有些绕。别担心，我们会做大量的练习让你深入理解。
- 在 temp 下面再创建 20 个别的目录，深度可以各不相同，然后用文件浏览器检查你创建的目录。
- 创建一个名字包含空格的目录，方法是为名称添加一个引号：mkdir "I Have Fun"。
- 如果目录已经存在，要创建它时将会得到一条出错消息。使用 cd 变到一个你可以控制的工作目录下，试试创建 temp 目录，如果你用 Windows 的话，桌面是个不错的选择。

练习 5 更改目录（cd）

这个练习将教会你如何使用 cd 命令来更改目录。

任务

我再教你一遍终端会话的方法。

- $（Unix）和>（Windows）是不需要录入的。
- 你录入完$或>后面的内容后需要敲回车键。如果你看到$ cd temp，你需要键入的就是 cd temp，然后敲回车键。
- 敲回车后你会看到输出，输出的后面也会有一个$或者>提示符。
- 每次开始练习前都先进入 home 目录。键入 pwd 然后用 cd ~回到你的起始位置。

练习 5　Linux/macOS 会话

```
$ cd temp
$ pwd
~/temp
$ cd stuff
$ pwd
~/temp/stuff
$ cd things
$ pwd
~/temp/stuff/things
$ cd orange/
$ pwd
~/temp/stuff/things/orange
$ cd apple/
$ pwd
~/temp/stuff/things/orange/apple
```

```
$ cd pear/
$ pwd
~/temp/stuff/things/orange/apple/pear
$ cd grape/
$ pwd
~/temp/stuff/things/orange/apple/pear/grape
$ cd ..
$ cd ..
$ pwd
~/temp/stuff/things/orange/apple
$ cd ..
$ cd ..
$ pwd
~/temp/stuff/things
$ cd ../../..
$ pwd
~/
$ cd temp/stuff/things/orange/apple/pear/grape
$ pwd
~/temp/stuff/things/orange/apple/pear/grape
$ cd ../../../../../../../
$ pwd
~/
$
```

练习 5　Windows 会话

```
> cd temp
> pwd

Path
----
C:\Users\zed\temp


> cd stuff
> pwd

Path
----
C:\Users\zed\temp\stuff


> cd things
> pwd

Path
```

```
----
C:\Users\zed\temp\stuff\things


> cd orange
> pwd

Path
----
C:\Users\zed\temp\stuff\things\orange


> cd apple
> pwd

Path
----
C:\Users\zed\temp\stuff\things\orange\apple


> cd pear
> pwd

Path
----
C:\Users\zed\temp\stuff\things\orange\apple\pear


> cd grape
> pwd

Path
----
C:\Users\zed\temp\stuff\things\orange\apple\pear\grape


> cd ..
> cd ..
> cd ..
> pwd

Path
----
C:\Users\zed\temp\stuff\things\orange


> cd ../..
```

```
> pwd

Path
----
C:\Users\zed\temp\stuff


> cd ..
> cd ..
> cd temp/stuff/things/orange/apple/pear/grape
> cd ../../../../../../../
> pwd

Path
----
C:\Users\zed


>
```

知识点

你在上一个练习中创建了不少的目录，现在你所做的就是通过 cd 命令在它们之间往来。在上面的终端会话中，我通过使用 pwd 来检查自己所在的位置，所以，要记住别把 pwd 的输出也当作要键入的东西。例如，第三行有一条~/temp，但这只是 pwd 的输出而已，别把它也键入了。

你应该还看到我可以使用..移动到目录的上一层。

更多任务

在图形界面计算机上学习使用命令行界面（command line interface，CLI）很重要的一部分，就是弄明白命令行和图形界面是如何互相配合工作的。我开始使用计算机的时候，GUI 还不存在，所有的事情都要通过 DOS 命令窗口（CLI）来完成。后来计算机越变越强大，人人都能用到图形界面了。对我来说，将命令行界面的目录和图形界面的文件夹匹配起来很容易理解。

然而现在大部分人都不理解命令行界面、路径和目录这些概念。其实这些东西也很难学会，只有不停地学习和使用 CLI，才会有一天豁然开朗，将所有在 GUI 下做的事情都和在 CLI 下要做的对应起来了。

早日理解的办法是花一些时间来通过图形界面的文件浏览器来寻找目录，然后通过命令行去访问它们，这就是你接下来要做的。

- 用一条命令 cd 到 apple 目录。
- 用一条命令回到 temp 目录，不过不要退得太远了。

- 找出用一条命令 cd 到你的"home 目录"的方法。
- cd 到你的 Documents 目录，然后通过你的图形文件浏览器（Finder、Windows 浏览器等）找到这个目录。
- cd 到你的 Downloads 目录，然后通过文件浏览器找到这个目录。
- 用文件浏览器找到另外一个目录，然后 cd 到这个目录。
- 还记得你可以为包含空格的目录加一个引号吧？对于任何命令，你都可以这么做。假如你创建了一个叫 I Have Fun 的文件夹，你就可以使用 cd "I Have Fun"这条命令。

练习 6　列出目录中的内容（ls）

这个练习中你将学会如何用 ls 命令列出目录中的内容。

任务

开始之前，确认你已经到了 temp 的上一级目录。如果不确定现在在哪个目录里，就用 pwd 找出来。

练习 6　Linux/macOS 会话

```
$ cd temp
$ ls
stuff
$ cd stuff
$ ls
things
$ cd things
$ ls
orange
$ cd orange
$ ls
apple
$ cd apple
$ ls
pear
$ cd pear
$ ls
$ cd grape
$ ls
$ cd ..
$ ls
grape
```

```
$ cd ../../../
$ ls
orange
$ cd ../../
$ ls
stuff
$
```

```
> cd temp
> ls
```

Directory: C:\Users\zed\temp

Mode	LastWriteTime	Length Name
----	-------------	------ ----
d----	12/17/2011 9:03 AM	stuff

```
> cd stuff
> ls
```

Directory: C:\Users\zed\temp\stuff

Mode	LastWriteTime	Length Name
----	-------------	------ ----
d----	12/17/2011 9:03 AM	things

```
> cd things
> ls
```

Directory: C:\Users\zed\temp\stuff\things

Mode	LastWriteTime	Length Name
----	-------------	------ ----
d----	12/17/2011 9:03 AM	orange

```
> cd orange
```

```
> ls


    Directory: C:\Users\zed\temp\stuff\things\orange


Mode                LastWriteTime      Length Name
----                -------------      ------ ----
d----        12/17/2011   9:03 AM             apple


> cd apple
> ls


    Directory: C:\Users\zed\temp\stuff\things\orange\apple


Mode                LastWriteTime      Length Name
----                -------------      ------ ----
d----        12/17/2011   9:03 AM             pear


> cd pear
> ls


    Directory: C:\Users\zed\temp\stuff\things\orange\apple\pear


Mode                LastWriteTime      Length Name
----                -------------      ------ ----
d----        12/17/2011   9:03 AM             grape


> cd grape
> ls
> cd ..
> ls


    Directory: C:\Users\zed\temp\stuff\things\orange\apple\pear


Mode                LastWriteTime      Length Name
----                -------------      ------ ----
d----        12/17/2011   9:03 AM             grape
```

```
> cd ..
> ls


    Directory: C:\Users\zed\temp\stuff\things\orange\apple


Mode                LastWriteTime      Length Name
----                -------------      ------ ----
d----        12/17/2011   9:03 AM             pear


> cd ../../..
> ls


    Directory: C:\Users\zed\temp\stuff


Mode                LastWriteTime      Length Name
----                -------------      ------ ----
d----        12/17/2011   9:03 AM             things


> cd ..
> ls


    Directory: C:\Users\zed\temp


Mode                LastWriteTime      Length Name
----                -------------      ------ ----
d----        12/17/2011   9:03 AM             stuff


>
```

知识点

　　`ls` 命令列出了你当前所在目录的内容。你可以看到，我使用了 `cd` 变更到不同的目录，然后列出里边的内容，这样我就知道接下来该到哪个目录中去了。

　　ls 命令有很多的选项，后面我们介绍 help 命令的时候你会学习到如何获得关于这些选项的帮助。

更多任务

- 键入每一条命令！要学会这些命令，你必须键入这些命令，只读是不够的。这一点我以后就不跟你啰唆了。
- 如果你用 Unix，那就在 temp 目录中试一下 ls -lR 命令。
- Windows 下一样的功能可以通过 dir -R 完成。
- 使用 cd 进入别的目录中，然后通过 ls 看看里边有什么。
- 在笔记本上记下你的新问题。我知道你会有些问题，因为对于这条命令我并没讲全。
- 记住，如果你在目录中迷失了，就使用 ls 和 pwd 找出你所在的位置，然后通过 cd 到达你的目的目录即可。

练习 7　删除目录（**rmdir**）

　　在这个练习中你将学会怎样删除一个空目录。

任务

```
$ cd temp
$ ls
stuff
$ cd stuff/things/orange/apple/pear/grape/
$ cd ..
$ rmdir grape
$ cd ..
$ rmdir pear
$ cd ..
$ ls
apple
$ rmdir apple
$ cd ..
$ ls
orange
$ rmdir orange
$ cd ..
$ ls
```

```
things
$ rmdir things
$ cd ..
$ ls
stuff
$ rmdir stuff
$ pwd
~/temp
$
```

警告 如果在 macOS 上做 rmdir 并且遇到你确定是空目录但它拒绝删除该目录的情况，实际上在这个目录中有一个名为 .DS_Store 的文件。这种情况下，键入 rm -rf <dir> 即可（<dir>用实际的目录名代替）。

练习 7　Windows 会话

```
> cd temp
> ls


    Directory: C:\Users\zed\temp

Mode                LastWriteTime     Length Name
----                -------------     ------ ----
d----        12/17/2011   9:03 AM            stuff


> cd stuff/things/orange/apple/pear/grape/
> cd ..
> rmdir grape
> cd ..
> rmdir pear
> cd ..
> rmdir apple
> cd ..
> rmdir orange
> cd ..
> ls


    Directory: C:\Users\zed\temp\stuff


Mode                LastWriteTime     Length Name
----                -------------     ------ ----
```

```
d----           12/17/2011    9:14 AM              things

> rmdir things
> cd ..
> ls


    Directory: C:\Users\zed\temp


Mode                LastWriteTime      Length Name
----                -------------      ------ ----
d----           12/17/2011    9:14 AM              stuff


> rmdir stuff
> pwd

Path
----
C:\Users\zed\temp


> cd ..
>
```

知识点

我现在将命令混到了一起，因此你要集中精力确认键入完全一样。你的每一个错误都是不够集中精力导致的。如果你发现自己犯了很多错误，那就休息一会儿，或者今天就别接着学习了，等明天再鼓足精神继续。

在这个示例中你学会了如何删除一个目录。这很容易，你只要到你要移除的目录的上一级，然后键入 rmdir <dir>（将<dir>替换成你要删除的目录的名称）即可。

更多任务

- 再创建 20 个目录，然后把它们都删除掉。
- 创建一个逐层嵌套的目录，一共嵌套 10 层，然后进到目录中将这些目录逐层删掉，就跟我前面做的一样。
- 如果你要移除的目录中包含一些内容，就会得到一个出错消息。后面的练习中我会告诉你如何移除这样的目录。

练习 8　在多个目录中切换（**pushd** 和 **popd**）

在这个练习中你将学会如何使用 pushd 保存当前位置并转到一个新位置，以及如何通过 popd 回到先前保存的位置下去。

任务

```
$ cd temp
$ mkdir -p i/like/icecream
$ pushd i/like/icecream
~/temp/i/like/icecream ~/temp
$ popd
~/temp
$ pwd
~/temp
$ pushd i/like
~/temp/i/like ~/temp
$ pwd
~/temp/i/like
$ pushd icecream
~/temp/i/like/icecream ~/temp/i/like ~/temp
$ pwd
~/temp/i/like/icecream
$ popd
~/temp/i/like ~/temp
$ pwd
~/temp/i/like
$ popd
~/temp
$ pushd i/like/icecream
~/temp/i/like/icecream ~/temp
$ pushd
~/temp ~/temp/i/like/icecream
$ pwd
~/temp
$ pushd
~/temp/i/like/icecream ~/temp
$ pwd
~/temp/i/like/icecream
$
```

```
> cd temp
> mkdir i/like/icecream


    Directory: C:\Users\zed\temp\i\like


Mode                LastWriteTime     Length Name
----                -------------     ------ ----
d----        12/20/2011  11:05 AM            icecream


> pushd i/like/icecream
> popd
> pwd


Path
----
C:\Users\zed\temp


> pushd i/like
> pwd


Path
----
C:\Users\zed\temp\i\like


> pushd icecream
> pwd


Path
----
C:\Users\zed\temp\i\like\icecream


> popd
> pwd


Path
----
C:\Users\zed\temp\i\like
```

```
> popd
>
```

知识点

如果你用到这些命令，那你就非常接近程序员阵营了。这些命令非常好用，所以我非教你不可。这些命令可以让你临时跑到某个不同的目录中，然后再回到之前的目录，并且方便地在两个目录之间切换。

pushd 命令会将你所在的当前目录"推送"（push）到一个列表中以供后续使用，然后让你转到另一个目录中。它的意思大致是："记住我现在的位置，然后到这个地方去。"

popd 命令会将你上次推送的目录从列表中"弹出"（pop），然后让你回到这个被"弹出"的目录。

最后，在 Unix 中有点儿不同，如果运行时不添加任何参数，它就会让你在当前目录和你上一次推送的目录之间切换，这种方法可以让你很方便地在两个目录之间切换。不过 PowerShell 中这样做是不灵的。

更多任务

- 使用这些命令在你的计算机目录之间多切换几次。
- 删掉 i/like/icecream 这一系列目录，然后自己创建一些目录，在它们之间切换。
- 向自己解释 pushd 和 popd 的输出的意义。有没有发现它的工作模式有点儿像一个栈？
- 前面已经教过了，但要记住，mkdir -p（在 Linux/macOS 中）会创建一个完整的多层目录，即使中间目录不存在也能成功。这也是我创建这个练习一开始所做的事情。

练习 9　创建空文件（`touch`/`New-Item`）

在这个练习中你将学会如何使用 touch（Windows 中是 New-Item）命令创建一个空文件。

任务

练习 9　Linux/macOS 会话

```
$ cd temp
$ touch iamcool.txt
$ ls
iamcool.txt
$
```

```
> cd temp
> New-Item iamcool.txt -type file
> ls


    Directory: C:\Users\zed\temp


Mode                LastWriteTime     Length Name
----                -------------     ------ ----
-a---        12/17/2011   9:03 AM            iamcool.txt


>
```

知识点

你学会了如何创建空文件。在 Unix 中你要用 touch，它还有一个功能就是修改文件的时间。我除了用它创建空文件以外，很少用它做别的事情。Windows 中没有这个命令，所以你要学习使用 New-Item 命令，它实现的功能是一样的，只不过它还可以创建新目录。

更多任务

- **Unix**：创建一个目录，转到这个目录下，然后在其中创建一个文件，然后回到上一级目录，对你创建的目录运行 rmdir，你应该会看到一个错误，试着弄懂为什么你会遇到这个错误。
- **Windows**：做同样的事情，不过你不会得到错误，你会看到一个提示，问你是否真的要删除这个目录。

练习 10　复制文件（cp）

在这个练习中你将学会如何使用 cp 命令将文件从一个地方复制（copy）到另一个地方。

任务

```
$ cd temp
$ cp iamcool.txt neat.txt
```

```
$ ls
iamcool.txt neat.txt
$ cp neat.txt awesome.txt
$ ls
awesome.txt iamcool.txt   neat.txt
$ cp awesome.txt thefourthfile.txt
$ ls
awesome.txt   iamcool.txt    neat.txt    thefourthfile.txt
$ mkdir something
$ cp awesome.txt something/
$ ls
awesome.txt   iamcool.txt    neat.txt    something    thefourthfile.txt
$ ls something/
awesome.txt
$ cp -r something newplace
$ ls newplace/
awesome.txt
$
```

练习 10　Windows 会话

```
> cd temp
> cp iamcool.txt neat.txt
> ls
```

```
    Directory: C:\Users\zed\temp


Mode                LastWriteTime     Length Name
----                -------------     ------ ----
-a---       12/22/2011   4:49 PM          0 iamcool.txt
-a---       12/22/2011   4:49 PM          0 neat.txt


> cp neat.txt awesome.txt
> ls


    Directory: C:\Users\zcd\temp


Mode                LastWriteTime     Length Name
----                -------------     ------ ----
-a---       12/22/2011   4:49 PM          0 awesome.txt
-a---       12/22/2011   4:49 PM          0 iamcool.txt
-a---       12/22/2011   4:49 PM          0 neat.txt
```

```
> cp awesome.txt thefourthfile.txt
> ls


    Directory: C:\Users\zed\temp


Mode                LastWriteTime     Length Name
----                -------------     ------ ----
-a---        12/22/2011    4:49 PM          0 awesome.txt
-a---        12/22/2011    4:49 PM          0 iamcool.txt
-a---        12/22/2011    4:49 PM          0 neat.txt
-a---        12/22/2011    4:49 PM          0 thefourthfile.txt


> mkdir something


    Directory: C:\Users\zed\temp


Mode                LastWriteTime     Length Name
----                -------------     ------ ----
d----        12/22/2011    4:52 PM            something


> cp awesome.txt something/
> ls


    Directory: C:\Users\zed\temp


Mode                LastWriteTime     Length Name
----                -------------     ------ ----
d----        12/22/2011    4:52 PM            something
-a---        12/22/2011    4:49 PM          0 awesome.txt
-a---        12/22/2011    4:49 PM          0 iamcool.txt
-a---        12/22/2011    4:49 PM          0 neat.txt
-a---        12/22/2011    4:49 PM          0 thefourthfile.txt


> ls something
```

```
    Directory: C:\Users\zed\temp\something


Mode                LastWriteTime       Length Name
----                -------------       ------ ----
-a---         12/22/2011    4:49 PM          0 awesome.txt


> cp -recurse something newplace
> ls newplace


    Directory: C:\Users\zed\temp\newplace


Mode                LastWriteTime       Length Name
----                -------------       ------ ----
-a---         12/22/2011    4:49 PM          0 awesome.txt


>
```

知识点

现在你学会了复制文件。很简单，就是把一个文件复制成一个新文件而已。在这个练习中我还创建了一个新目录，然后将文件复制到其中去。

我现在要告诉你一个关于程序员和系统管理员的秘密：他们都很懒。我是懒人，我的朋友们也是懒人，这也是我们用计算机的原因。我们让计算机为我们做各种无聊的事情。你学到现在，所做的事情就是重复键入各种无趣的命令，并通过这个过程学会这些命令，但实际工作中不是这样子的。在实际工作中，如果你发现某个任务需要通过无趣的重复工作来完成，那么很可能已经有程序员找出让这个任务变得更简单的方法了，只不过你不知道而已。

另外要告诉你的就是：程序员其实没有你想象的那么聪明。如果你过度思考要键入什么，结果很可能是有过之而无不及。相反，你应该去想这个命令的名字，然后直接试试这个名字或者类似这个名字的缩写。如果还是不灵，那就问问别人，或者上网搜索。不过遇到 ROBOCOPY 这么傻的命令名就真没什么好办法记住了。

更多任务

- 练习使用 cp -r 命令复制一些包含文件的目录。
- 将一个文件复制到你的 home 目录中或者桌面上。

- 从图形用户界面找到你复制过的文件，然后用文本编辑器打开它们。
- 有没有发现我有时会在目录的结尾放一个斜杠（/）？这样做的目的是保证键入的名称确实是一个目录，于是如果这个目录不存在，那么我就会看到一个出错消息。

练习 11　移动文件（mv）

在这个练习中你将学会如何使用 mv 命令把文件从一个地方移动到另一个地方。

任务

练习 11　Linux/macOS 会话

```
$ cd temp
$ mv awesome.txt uncool.txt
$ ls
newplace uncool.txt
$ mv newplace oldplace
$ ls
oldplace uncool.txt
$ mv oldplace newplace
$ ls
newplace uncool.txt
$
```

练习 11　Windows 会话

```
> cd temp
> mv awesome.txt uncool.txt
> ls


    Directory: C:\Users\zed\temp


Mode                LastWriteTime     Length Name
----                -------------     ------ ----
d----        12/22/2011   4:52 PM            newplace
d----        12/22/2011   4:52 PM            something
-a---        12/22/2011   4:49 PM          0 iamcool.txt
-a---        12/22/2011   4:49 PM          0 neat.txt
-a---        12/22/2011   4:49 PM          0 thefourthfile.txt
-a---        12/22/2011   4:49 PM          0 uncool.txt
```

```
> mv newplace oldplace
> ls
```

Directory: C:\Users\zed\temp

Mode	*LastWriteTime*		*Length*	*Name*
----	*------------*		*------*	*----*
d----	*12/22/2011*	*4:52 PM*		*oldplace*
d----	*12/22/2011*	*4:52 PM*		*something*
-a---	*12/22/2011*	*4:49 PM*	*0*	*iamcool.txt*
-a---	*12/22/2011*	*4:49 PM*	*0*	*neat.txt*
-a---	*12/22/2011*	*4:49 PM*	*0*	*thefourthfile.txt*
-a---	*12/22/2011*	*4:49 PM*	*0*	*uncool.txt*

```
> mv oldplace newplace
> ls newplace
```

Directory: C:\Users\zed\temp\newplace

Mode	*LastWriteTime*		*Length*	*Name*
----	*------------*		*------*	*----*
-a---	*12/22/2011*	*4:49 PM*	*0*	*awesome.txt*

```
> ls
```

Directory: C:\Users\zed\temp

Mode	*LastWriteTime*		*Length*	*Name*
----	*------------*		*------*	*----*
d----	*12/22/2011*	*4:52 PM*		*newplace*
d----	*12/22/2011*	*4:52 PM*		*something*
-a---	*12/22/2011*	*4:49 PM*	*0*	*iamcool.txt*
-a---	*12/22/2011*	*4:49 PM*	*0*	*neat.txt*
-a---	*12/22/2011*	*4:49 PM*	*0*	*thefourthfile.txt*
-a---	*12/22/2011*	*4:49 PM*	*0*	*uncool.txt*

```
>
```

知识点

移动（move）文件，或者换种说法，重命名（rename）文件。很简单，给出旧文件名和新文件名即可。

更多任务

将一个文件从 newplace 目录移到另一个目录，然后再将它移回来。

练习 12　查看文件内容（`less/more`）

要完成这个练习，你将用到已经学过的一些命令，另外还需要一个文本编辑器来创建纯文本（.txt）文件，下面是要做的准备工作。

- 打开文本编辑器，在新文本中键入一些东西。在 macOS 中你可以用 TextWrangler，在 Windows 中可以用 Notepad++，在 Linux 中可以用 gedit，随便什么编辑器都可以。
- 保存该文件到桌面，将其命名为 test.txt。
- 在 shell 中使用学过的命令将这个文件复制到你的工作目录，也就是 temp 目录中去。

做好准备工作以后，就可以完成任务了。

任务

练习 12　Linux/macOS 会话

```
$ less test.txt
[displays file here]
$
```

就是这样子。要退出 less，只要键入 q 即可。这个 q 指的就是 quit（退出）。

练习 12　Windows 会话

```
> more test.txt
[displays file here]
>
```

警告　上面的输出中我用[displays file here]来指代程序的输出。在后面的练习中，如果遇到复杂情况无法向你展示输出内容，我就会用这个来指代你的输出。你的屏幕上不会显示这句话。

知识点

这是查看文件内容的一种方法。它有用的地方在于，如果文件内容有很多行，它会将其分页，这样就会每次显示一页。在"更多任务"中你会看到更多相关的练习。

更多任务

- 再次打开你的文本文件，重复复制粘贴若干次，让你的文本长度约等于 50～100 行。
- 将它再次复制到 temp 目录下，这样你就可以通过命令行查看它了。
- 再做一遍这个练习，不过这次你要逐页浏览文档。在 Unix 下使用空格键和 w 键上下翻页，使用方向键也可以，不过在 Windows 下就只能用空格键向下逐页浏览了。
- 查看你创建的空文件的内容。
- cp 命令会覆盖已经存在的文件，所以复制文件时要小心。

练习 13　流文件内容显示（**cat**）

你需要更多的准备工作，这个过程也会让你习惯这个工作流程：你在一个程序中创建文件，然后通过命令行对其进行访问。使用练习 12 中的文本编辑器创建一个叫 test2.txt 的文件，但这一次要将其直接保存到 temp 目录下。

任务

练习 13　Linux/macOS 会话

```
$ less test2.txt
[displays file here]
$ cat test2.txt
I am a fun guy.
Don't you know why?
Because I make poems,
that make babies cry.
$ cat test.txt
Hi there this is cool.
$
```

```
> more test2.txt
[displays file here]
> cat test2.txt
I am a fun guy.
Don't you know why!
Because I make poems,
that make babies cry.
> cat test.txt
Hi there this is cool.
>
```

记住，我写的[displays file here]是表示我略掉了命令的输出，这样我就不用把东西详尽地展示给你了。

知识点

我的诗怎么样？拿个诺贝尔奖没问题吧？不管怎样，你已经学了第一个命令，而我只是让你检查你的文件已经在那里了。然后你使用 cat 将文件内容显示到屏幕上。这个命令会将整个文件一次输出到屏幕，不会分页也不会中间停顿。为了演示这一点，我让你对 test2.txt 执行这个命令，结果就是一次输出了文本中所有的行。

更多任务

- 再创建几个文本文件，然后用 cat 逐一打开。
- 在 Unix 中试试 cat test.txt test2.txt，看看结果是怎样的。
- 在 Windows 中试试 cat test.txt,test2.txt，看看结果是怎样的。

练习 14　删除文件（rm）

在这个练习中你将学会如何使用 rm 命令删除文件。

任务

```
$ cd temp
$ ls
uncool.txt  iamcool.txt  neat.txt  something  thefourthfile.txt
```

```
$ rm uncool.txt
$ ls
iamcool.txt neat.txt something thefourthfile.txt
$ rm iamcool.txt neat.txt thefourthfile.txt
$ ls
something
$ cp -r something newplace
$
$ rm something/awesome.txt
$ rmdir something
$ rm -rf newplace
$ ls
$
```

```
> cd temp
> ls


    Directory: C:\Users\zed\temp


Mode                LastWriteTime     Length Name
----                -------------     ------ ----
d----       12/22/2011   4:52 PM             newplace
d----       12/22/2011   4:52 PM             something
-a---       12/22/2011   4:49 PM          0 iamcool.txt
-a---       12/22/2011   4:49 PM          0 neat.txt
-a---       12/22/2011   4:49 PM          0 thefourthfile.txt
-a---       12/22/2011   4:49 PM          0 uncool.txt


> rm uncool.txt
> ls


    Directory: C:\Users\zed\temp


Mode                LastWriteTime     Length Name
----                -------------     ------ ----
d----       12/22/2011   4:52 PM             newplace
d----       12/22/2011   4:52 PM             something
-a---       12/22/2011   4:49 PM          0 iamcool.txt
-a---       12/22/2011   4:49 PM          0 neat.txt
-a---       12/22/2011   4:49 PM          0 thefourthfile.txt
```

```
> rm iamcool.txt
> rm neat.txt
> rm thefourthfile.txt
> ls


    Directory: C:\Users\zed\temp


Mode                LastWriteTime      Length Name
----                -------------      ------ ----
d----      12/22/2011    4:52 PM              newplace
d----      12/22/2011    4:52 PM              something


> cp -r something newplace
> rm something/awesome.txt
> rmdir something
> rm -r newplace
> ls
>
```

知识点

这里我们将上一个练习中的文件清理掉了。先前我让你用 rmdir 来删除包含文件的目录，但是操作失败了，失败的原因是你不能用这条命令删除包含文件的目录。要移除这样的目录，需要先删除文件，或者循环删除目录下的所有内容，这也是这个练习的结尾所做的事情。

更多任务

* 删除 temp 目录下至今为止的所有内容。
* 在笔记本上记下来：循环移除文件时要小心操作。

练习 15　退出终端（**exit**）

任务

```
$ exit
```

```
> exit
```

知识点

最后一个练习是如何退出你的终端。这本身很简单，但我还有一些额外的任务给你。

更多任务

作为最后一个练习，我将要求你通过帮助系统查看一系列你想研究的命令，并学习如何使用一些命令。

Unix 的命令清单如下：

- `xargs`
- `sudo`
- `chmod`
- `chown`

Windows 的目录清单如下：

- `forfiles`
- `runas`
- `attrib`
- `icacls`

弄清楚它们的用途，试着使用它们，再把它们加到你的索引卡中。

命令行接下来的路

你已经读完这个快速入门。到这里，你的水平基本上达到了能使用 shell 的程度了。其实要学的技巧和命令用法还有很多，这里我会再给你一些阅读和研究方向。